化工装置大型离心机组典型故障案例分析

中石化安全工程研究院有限公司　组织编写

邱宏斌　党文义　主编

中国石化出版社

·北京·

内 容 提 要

本书介绍了化工装置压缩机、蒸汽透平等离心机组及其密封、润滑等辅助系统的典型故障案例50起，从故障概述、故障过程、故障机理分析、故障原因分析、故障处理措施、管理提升措施及实施效果等方面进行了详细描述和全面分析。

本书可供石油化工行业工艺、设备、安全、环保等相关专业管理人员、技术人员以及操作维护人员学习、交流，特别是为化工离心机组安全运行、维护操作和应急处置提供技术支持和借鉴。

图书在版编目(CIP)数据

化工装置大型离心机组典型故障案例分析 / 中石化安全工程研究院有限公司组织编写．—北京：中国石化出版社，2023.12
ISBN 978-7-5114-7324-0

Ⅰ.①化… Ⅱ.①中… Ⅲ.①离心机-研究 Ⅳ.①TQ051.8

中国国家版本馆 CIP 数据核字(2023)第 231420 号

中国石化出版社出版发行
地址：北京市东城区安定门外大街 58 号
邮编：100011　电话：(010)57512500
发行部电话：(010)57512575
http://www.sinopec-press.com
E-mail:press@sinopec.com
北京科信印刷有限公司印刷
全国各地新华书店经销
*
787 毫米×1092 毫米 16 开本 12.25 印张 293 千字
2024 年 1 月第 1 版　2024 年 1 月第 1 次印刷
定价：69.00 元

《化工装置大型离心机组典型故障案例分析》

编 委 会

主　　编： 邱宏斌　党文义

副 主 编： 何承厚　孙新文　屈定荣

编写人员： 方紫咪　许述剑　刘　欢　李朝晖　宁志康
邱志刚　黄夏林　沈国峰　张立伟　张　琨
郭海涛　周延凯　张学斌　屈世栋　山　崧
曾　健　常　青　王　琨　徐厚庆　刘　洋
李　锐　王传琦　邱　枫　许　可　黄　鑫
郑显伟　刘国帅

前言

PREFACE

大型离心式压缩机是石油化工生产装置的关键核心设备，保障机组的稳定运行对装置的“安稳长满优”运行起到了至关重要的作用。据统计，2017年以来中国石化化工装置68次二级以上非计划停工中，由大机组异常停机造成的有28次，占比为41.2%。因此，结合以往大型离心机组故障案例，研究加强离心机组全生命周期管理、开展预防性维护，对化工装置避免非计划停工、提高安全稳定运行水平意义重大。

本书收集了2006—2022年乙烯、芳烃、重整、空分、乙二醇、环己酮、PTA、MTO等化工装置大型离心机组的故障案例50起，分为压缩机、蒸汽透平、密封系统、辅助系统和润滑系统五章。每个案例包括故障概述、故障过程、故障机理分析、故障原因分析、故障处理措施、管理提升措施和实施效果，编撰成书后方便阅读，形成一本经验值得借鉴、教训值得吸取、能够有效提高机组运行维护管理水平的典型案例图书。本书精选的案例可为化工装置设备技术管理人员提供经验借鉴，防止类似故障发生，并提出了下一步的整改措施，可以具体指导企业开展相关工作。

感谢王建军、岑奇顺、韩建宇等几位专家对本书编写的指导。由于本书涵盖不同企业的各类案例，编写难度较大，难免存在疏漏和不妥之处，敬请各使用单位及个人提出宝贵意见和建议，以便修订时补充更正。

目录

CONTENTS

第一章 压缩机

第二章　蒸汽透平

第三章 密封系统

第四章 辅助系统

第五章　润滑系统

第一章　压缩机

一、故障概述

己内酰胺部环己酮装置空气压缩机 K-5401 因三级缸轴位移 ZE3003 高高联锁启动，压缩机跳停(联锁值±0. 30mm)，5H 单元通气中断，后开备用机组 K-5405，恢复通气。

二、故障过程

2022 年 2 月 25 日 14 时 8 分，K-5401 三级缸轴位移联锁停车后，拆三级入口管线进行了检查，叶轮、导流器、扩压器未有磨损现象，复测三级转子轴向窜量正常，为 0. 19mm。

对 ZE3003 探头进行静态校验，未发现问题。设备人员组织召开了现场分析会，怀疑探头性能不稳定，决定更换该探头。因采购的进口探头还未到货，故将 K-5403 备用振动探头静态校验合格后回装投用，于 22 时 5 分试机升速，升速后三级缸轴位移从 0. 161mm 缓慢上涨至 0. 258mm。

现场分析后决定对机组停机进行再次检查，23 时 20 分停机。2 月 26 日拆大盖检查，检查三级转子、轴承未有磨损现象，复测轴承径向间隙为 0. 11mm，三级转子轴向窜量为 0. 19mm，数据均在要求范围内。

因机械部分检查正常，现场分析怀疑探头安装定位不准确或者该探头不适用(该探头长度 250mm，原探头长度 130mm)，后仪表人员在备件库找到一支 2018 年 5H 单元复工时更换下来的原本特利探头，静态校验合格后安装投用(将转子打表对中，确定轴位移零位后安装调整探头)。2 月 27 日 10 时，压缩机开车正常，三级缸轴位移指示正常。2 月 28 日 9 时 30 分切入系统。

三、故障机理分析

探头性能不稳定造成机组停车。

四、故障原因分析

K-5401 故障停机后，发现联锁信号是压缩机三级缸轴位移高高联锁造成的。

1. 直接原因

国产探头性能不稳定。

(1) 三级缸轴位移 ZE3003 于 14 时 8 分瞬时指示值超量程造成联锁跳车，但停机后

14 时 17 分指示值恢复正常。

（2）2021 年 12 月 4 日 K-5401 检修后试机时发现三级缸轴位移 ZE3003 损坏，因未储备此位移探头备件（考虑到此位移探头历史上从未出现过故障，故未储备备件），公司范围内也未找到同型号探头，后通过物采中心紧急从国内采购一套，采购新探头为××××锦康 JK7008-00-190，前置驱动器型号：JK9600-6001，延长电缆型号：JK6000-K-09，到货后仪表车间对该探头进行了静态校验，校验合格后安装投用，压缩机试机正常后切入系统。

（3）2021 年 11 月机组检修时增加的透平二选二 XE9202、XE9204 探头与 12 月初更换的该 ZE3003 探头为同一厂家生产，XE9202、XE9204 分别在 2022 年 1 月 4 日、1 月 10 日先后出现故障，数值显示为 0（本次停车拆下检验，确认已损坏，更换为 2018 年复工时换下来的本特利探头），怀疑该厂家该批次探头质量不可靠或不适用于压缩机组。

（4）2021 年 12 月机组检修时仪表人员对所有回路接线紧固及绝缘情况进行了检查确认；本次跳车后又对该轴位移回路接线紧固及绝缘情况进行了检查，未发现问题。

2. 管理原因

（1）备件采购及质量管理不到位，进口备件储备不完善。此位移探头历史上从未出现过故障，未储备备件，导致 2021 年 12 月 ZE3003 轴位移探头损坏后，只能应急采购国产产品进行替代。虽根据业绩从资源市场内选择了探头国产化厂家，但未充分调研国内同行业大机组探头国产化使用情况。

（2）变更管理不到位。ZE3003 轴位移探头国产化未按程序办理设备变更。

（3）检修管理不到位。大机组检修作业指导书内未规定轴位移探头的安装程序及要求。

（4）缺陷管理不到位。2020 年 12 月，透平压缩机端轴承温度 TE8073 传感器故障造成非计划停车，故障后设备室组织人员对该机组各探头及传感器进行了检查及风险评估，2021 年 6 月进行了压缩机一二三级振动、透平轴承温度 TE8073、TE8074 改二选二联锁变更，2021 年 11 月进行了透平振动 XE9201、XE9203 改二选二联锁变更。因轴位移探头现场不具备改二选二条件，故未考虑进行更改。但 1 月 XE9202、XE9204 出现故障后，仅怀疑是透平处温度较高导致了探头故障，未举一反三对同厂家探头 ZE3003 的质量可靠性进行风险评估及采取预防措施，导致本次非计划停车发生。

五、故障处理措施

仪表人员在备件库找到一支 2018 年 5H 复工时更换下来的本特利探头，静态校验合格后安装投用。2022 年 2 月 27 日 10 时，压缩机开车正常，三级缸轴位移指示正常。28 日 9 时 30 分切入系统。

六、管理提升措施

（1）修改完善大机组检修作业指导书，明确轴位移探头的安装步骤，同时安装完后进行数据复测，合格后才能进行下一步安装工作。

（2）进口备件国产化应严格进行风险评估及资源市场调研；加强变更风险识别管理，

尤其涉及大机组联锁的变更、备件国产化变更等，更应严格评估可靠性及可行性。按《×××
×设备变更管理实施细则》办理变更经批准后方可实施。

（3）对机组备件进行清理，及时提报采购计划，确保同型号探头等备件至少储备 1 套。

（4）重新对机组历史出现过的故障进行梳理，举一反三，组织机电仪管操等部门开展机组潜在隐患排查，并制定相应预防措施。

七、实施效果

自从 2022 年 2 月 26 日将探头更换为 2018 年 5H 单元复工时更换下来的本特利探头，压缩机 K-5401 恢复运行至今，ZE3003 轴位移稳定，未再出现故障。

附件 溯源分析表

1.1 概况	企业		装置	己内酰胺部 环己酮装置	设备及位号	空气压缩机 K-5401
	填报人		联系方式		故障类别	ZE3003 高高联锁启动，压缩机跳停
	生产流程简介	将空气压缩至 1.2MPa 供 5H 单元环己酮氧化反应釜用气				
1.2 设备参数	设备型号	空气压缩机 K-5401 规格型号：HLH8-1，该机从 AtLas Copco(阿特拉斯公司)引进，由蒸汽透平 K-5402(型号：BYRHPGPL)驱动，三级离心式压缩机。压缩机机组主要由入口气动导叶调节阀、压缩机、齿轮变速箱、联轴器、透平机、蒸汽系统、润滑油系统、冷却器、现场仪表探头及仪表控制柜等构成。透平(美国埃里奥特)规格型号：Elliott BYRHT				
	设备主要参数	额定流量：8720m^3/h，出口压力：1.2MPa，透平转速：5700r/min，额定功率：1595kW				
	故障记录编号		故障发生时间	2022.2.25	故障部件	三级缸轴位移探头
	故障现象	轴位移高高报警停机	故障原因	探头失真	故障机理	探头性能不稳定
1.3 处理措施	故障强度	本次故障导致空气压缩机跳停，5H 单元非计划停车				
	处理措施 1	K-5401 停机检查				
	处理措施 2	仪表探头更换，回路接线紧固及绝缘情况检查				
	处理措施 3	启动备机 K-5405，装置恢复运行				

基于排查问题的溯源分析表

故障	管理原因	谁来做 (管理职责是否明确具体)	怎么做 (制度规程是否规范完整)	会不会做 (人员能力是否满足要求)	能不能做 (资源配置是否到位充分)	做得如何 (检查考核是否及时有效)
P01	备件采购及质量管理	《××××公司物资供应质量管理实施细则》第 2.5.4.4 条明确紧急采购物资由需求单位负责质量把关	《××××物资供应管理办法》《××××公司物资供应质量管理实施细则》等制度，内容明确，规范完整	物资采购人员和设备管理人员能力满足要求	备件储备不足	虽根据业绩从资源市场内选择了探头国产化厂家，但未充分调研国内同行业大机组探头国产化使用情况
P02	检修管理	《××××公司大型机组管理规范》第 2.4.6 条明确使用单位负责大型机组检修实施及质量验收	大机组检修作业指导书内未规定轴位移探头的安装程序	装置设备人员、检维修人员、仪表人员均有丰富的机组检修经验，能力满足要求	检修人员及工器具均满足条件	设备室会对机组检修情况、数据等进行质量验收
P03	变更管理	《××××设备变更管理实施细则》第 1.3.1 条明确设备变更按照谁主管谁负责、谁变更谁负责、谁审批谁负责的原则。按照业务分管、属地化管理和岗位职责对各自负责领域的设备变更负责，审批人应对审批的结果负责	制度完善	人员经过培训上岗，能力满足要求	按制度要求执行	ZE3003 轴位移探头国产化未办理设备变更

续表

基于排查问题的溯源分析表						
故障	管理原因	谁来做（管理职责是否明确具体）	怎么做（制度规程是否规范完整）	会不会做（人员能力是否满足要求）	能不能做（资源配置是否到位充分）	做得如何（检查考核是否及时有效）
P04	缺陷管理	《××××公司设备缺陷管理实施细则》第2.1条明确缺陷管理工作，制定缺陷响应办法、缺陷信息传达、缺陷分类管理、缺陷处置及验收流程。指导、监督、检查设备缺陷管理的执行情况	《××××公司设备缺陷管理实施细则》第3.6条明确缺陷消除方案应按照紧急程度优化选择流程与实施措施，避免其发展成事故	人员经过培训上岗，能力满足要求	各岗位人员配置齐全	2020年12月，透平压缩机端轴承温度TE8073传感器故障造成非计划停车，故障后设备室组织人员对该机组各探头及传感器进行了检查及风险评估，2021年6月进行了压缩机一、二、三级振动、透平轴承温度TE8073、TE8074改二选二联锁变更，2021年11月进行了透平振动XE9201、XE9203改二选二联锁变更。因轴位移探头本身此前未出现过故障，且现场不具备改二选二条件，故未考虑进行更改。但1月XE9202、XE9204出现故障后，仅怀疑是透平处温度较高导致了探头故障，未举一反三对同厂家探头ZE3003的质量可靠性进行风险评估及采取预防措施，导致本次非计划停车发生

基于溯源分析的提升措施		
存在主要问题	提升措施	责任部门
大机组检修作业指导书内未规定轴位移探头的安装程序及要求	修改完善大机组检修作业指导书	设备室
ZE3003探头国产化调研不充分，未办理设备变更程序	加强备件国产化调研和可靠性评估；按《××××设备变更管理实施细则》办理变更经批准后方可实施	设备室、环己酮装置部门
举一反三排查不到位	加强举一反三排查	设备室、环己酮装置部门、仪表车间
进口备件储备不足	对机组备件进行清理，及时梳理并提报采购计划，确保足量储备	设备室、物资采购部门、仪表车间
目前在用探头为利旧元件，可靠性不能完全保证，仍有造成非计划停车的风险	加强特护巡检，尽快安排更换	设备室、环己酮装置部门、仪表车间
现场仪表电缆缺保护套管，防爆箱未封堵	待停车检修时整改	仪表车间

案例二 合成装置氨压缩机组振动值高高报停机故障案例

一、故障概述

2021 年 12 月 23 日 7 时 48 分，某公司合成装置氨压缩机组 105J 因高压缸及增速箱振动值高高报停机，造成装置老区停运，合成新区变压吸附装置满负荷生产，煤气化装置负荷降至 70%运行。机组停机后开盖大修，51h 完成机组故障处理，合成老区恢复开车，于 2021 年 12 月 25 日 14 时 40 分出合格氨，停工时间 55h。

二、故障过程

2019 年 11 月 17 日，装置所在市电网晃电造成装置全线停车，105J 突然停车造成高压缸轴瓦磨损严重、瓦架变形、平衡气封磨损达 5mm、各级气封磨损严重；转子两端轴承位轴颈磨损严重，一、二级开式叶轮磨损，轴端及各级气封安装位磨损，驱动端尤为严重。停车后对高压缸进行大修，更换转子、径向瓦、推力瓦、平衡气封等，装置于 2019 年 12 月 1 日完成检修恢复开车，运行正常。

2020 年 3 月，损坏转子送专业修理厂做前期检测，两端轴承位轴颈磨损严重，一、二级开式叶轮磨损，轴端及各级气封磨损，低速动平衡不合格，转子各部件表面渗透检测合格、除磨损部位外几何精度检测合格、测振带电跳合格。检测过程进行了现场见证验收，并依据检测报告制定了修复方案。磨损叶片情况见图 2-1。

图 2-1　磨损叶片

2020 年 7 月，损坏转子在专业修理厂进行修复，两端轴承位轴颈激光修复，一、二级开式叶轮磨损修磨，轴端及各级气封磨损部位光刀，转子各部件表面渗透检测合格、几何精度检测合格、低高速动平衡合格，测振带机械及电气跳动合格。因疫情原因未进行现场见证验收。

2021 年 11 月 8 日，105J 高压缸常规大修，并更换 2020 年修复的转子(第一次使用)及推力瓦、干气密封，各检修数据均符合要求，对中过程中对联轴器轮毂进行圆跳动检查，小于 0. 03mm。

2021 年 12 月 9 日 17 时 54 分，机组检修后开车，运行平稳，工艺工况正常无波动，各参数均在指标范围内，VM513、VM514 振动值在 0.8mil(1mil=24.5μm)左右，无电跳超标虚值成分。

2021 年 12 月 16 日，高压缸出口端 VM513、VM514 振动值开始持续轻微上涨，19 日涨幅变大，12 月 21 日 12 时到 1.5mil 报警，12 月 22 日到 2.0mil 高高报，12 月 22 日 23 时 40 分到 2.8mil，12 月 23 日 7 时 48 分到 4.2mil，决定停车甩合成老区，合成新区变压吸附装置满负荷生产，煤气化装置负荷降至 70%运行。停机前各瓦温正常，工频明显增大，2 倍频基本未变，相位角有 20°左右的变化，现场测量壳体振动 0.9mm/s；相关联部位振动也相应增大，高压缸入口端 VM515/VM516 振动由 0.7mil 涨到 1.5mil，增速箱高速轴振动 VM512 由 0.4mil 涨到 1.2mil，现场测量增速箱壳体振动速度值达 3.7mm/s。

2021 年 12 月 23 日 7 时 48 分，VM514 振动值到 4.2mil，决定停车甩合成老区进行抢修，降速过程中 VM513、VM514 振动值达 5.3mil，直至转速为零时振动消失。见图 2-2。

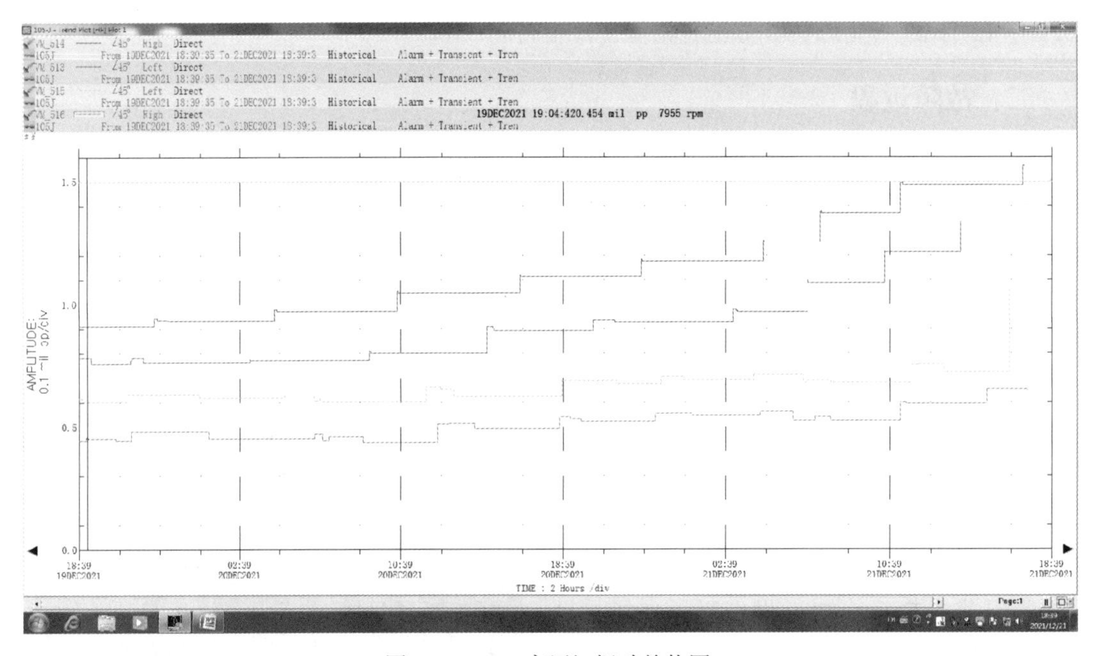

图 2-2 105J 高压缸振动趋势图

2021 年 12 月 23 日 9 时，停车抢修，检查发现联轴器齿面点蚀，对中数据偏离，测振带间隙电压变化较大，VM513/VM514 测振带径向跳动 0.11mm，轴承位径向跳动 0.06mm，轴头径向跳动 0.35mm。检修过程具体做了如下检查工作：

a. 检查联轴器隔套窜量合格，油泥较多，啮合齿面有点蚀现象和氧化变色。

b. 对中复查，对中数据偏离较大(因轴头径向跳动大造成数据不真实)。

c. 检查测振带间隙电压变化较大，测振带、轴承位、轴头径向跳动均超标。

d. 拆检径向轴承、推力轴承、干气密封，未发现明显异常。

e. 开大盖更换转子。

f. 排查转子径向跳动在运行过程中超标的原因，无超速、超负荷、超压比、急冷、暖机不充分等运行趋势，并检查平衡气封间隙合格，平衡管畅通，无轴向力过大现象。

g. 回装，对中，各检修数据合格。

h. 转子送专业修复厂，上低速动平衡机进行几何精度检查，径向跳动情况与现场测量一致。

i. 分析对比晃电停车前后转子临界转速，由 2327r/min 下降到 2229r/min。

2021 年 12 月 25 日 10 时 36 分，机组开车，运行平稳，各参数均在指标范围内，停车抢修时间控制在 51h，装置停车 55h。

5 月 24 日，105JHP 换下的转子送专业修理厂更换主轴，拆解检测发现主轴存在弯曲现象，表面渗透检测发现驱动端径向轴承位轴肩处有明显裂纹缺陷，经车削 1mm 后再次进行渗透检测，发现内部有非常明显的裂纹。见图 2-3。主轴送专业检测单位进行失效分析。

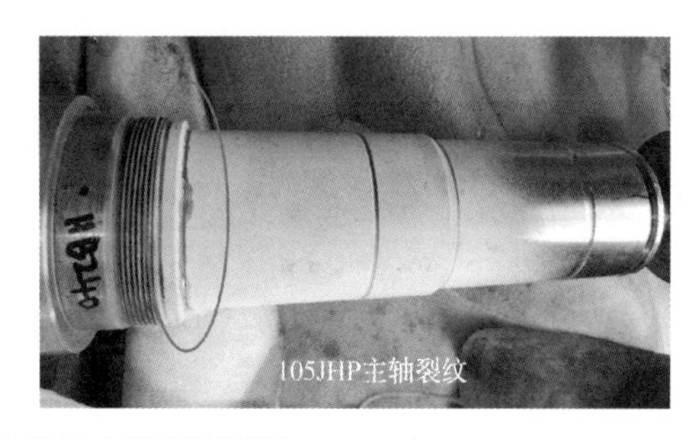

图 2-3　105JHP 联轴器及主轴损坏情况

三、故障机理分析

频谱分析如下：

开车后高压缸与齿轮箱各点频谱成分如表 2-1 所示。

表 2-1 频谱成分 mil

<table>
<tr><th rowspan="2">日期
位号</th><th colspan="2">14 日</th><th colspan="2">21 日(异常)</th></tr>
<tr><th>1×</th><th>2×</th><th>1×</th><th>2×</th></tr>
<tr><td>VM-513</td><td>0. 148</td><td>0. 438</td><td>0. 887</td><td>0. 488</td></tr>
<tr><td>VM-514</td><td>0. 203</td><td>0. 423</td><td>1. 043</td><td>0. 397</td></tr>
<tr><td>VM-515</td><td>0. 282</td><td>0. 133</td><td>0. 463</td><td>0. 128</td></tr>
<tr><td>VM-516</td><td>0. 274</td><td>0. 123</td><td>0. 395</td><td>0. 113</td></tr>
<tr><td>VM-511</td><td>0. 087</td><td>0. 045</td><td>0. 093</td><td>0. 042</td></tr>
<tr><td rowspan="2">VM-512</td><td>0. 034</td><td rowspan="2">0. 045</td><td>0. 065</td><td rowspan="2">0. 021</td></tr>
<tr><td>3/4×0. 091</td><td>3/4×0. 082</td></tr>
</table>

105J 轴系监控画面见图 2-4。

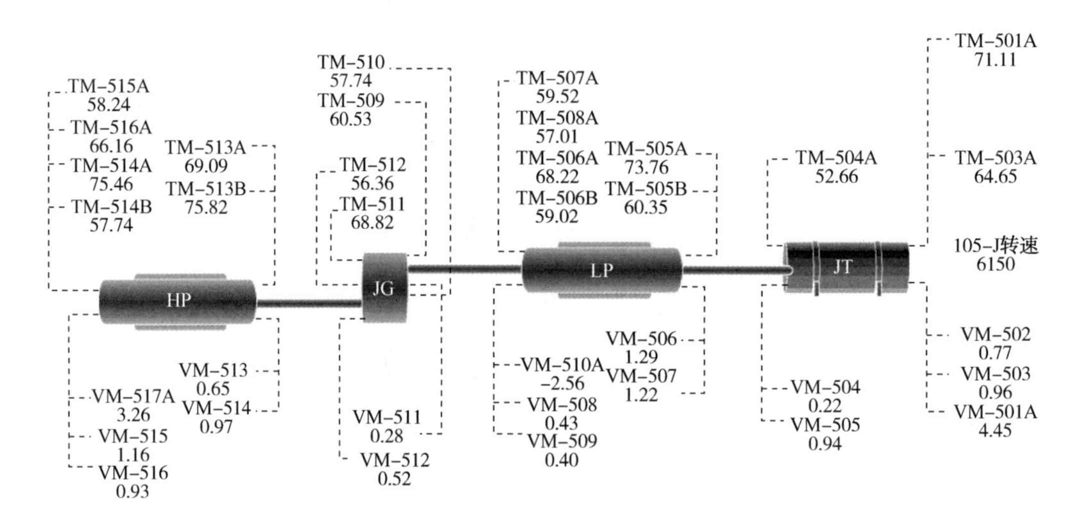

图 2-4 105J 轴系监控画面

105J 高压缸 VM514 频谱见图 2-5。

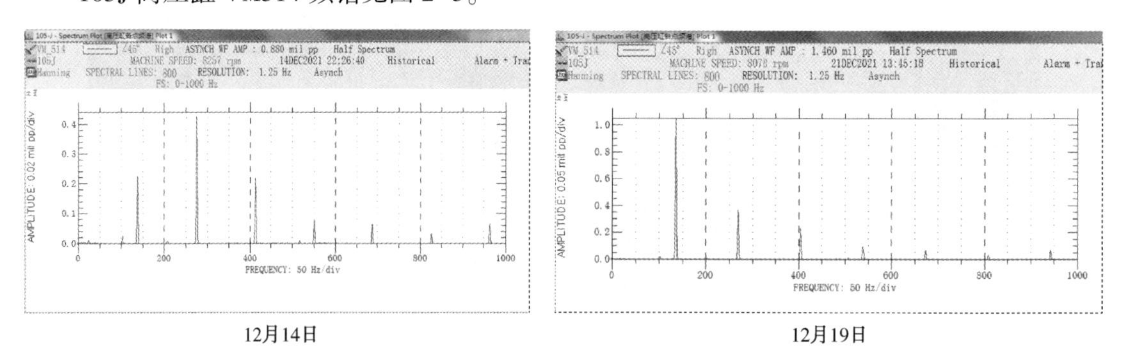

图 2-5 105J 高压缸 VM514 频谱

频率变化主要体现为工频明显增大，2 倍频基本不变，且相位角也有 20°左右的变化，工艺工况正常无波动，调整转速及工艺负荷也未见好转，频谱表现为转子不平衡或转子弯曲。另外，VM513/VM514 振动位移值不断上涨，且停车慢转时居高不下，但现场测量对应壳体振动烈度并不大，间隙电压显示也有变化，说明了测振带已存在机械跳动而产生虚值成分；105JG 增速箱振动幅值也有相应上涨，现场测量对应壳体振动烈度较大。

四、故障原因分析

1. 直接原因

（1）转子曾因晃电突然停车造成了主轴损伤，并进行修复。虽在转子轴颈激光修复和渗透检测中未发现裂纹，但未对主轴内部缺陷进行有效检查，留下隐患，在后期运行过程中内部缺陷不断扩展，最终引起轴振动不断增大。

（2）该转子设计使用寿命 40 年，且按 3 年一次大修、单根转子开停次数 16 次进行设计的，该机组已超设计使用寿命运行，且开停车次数频繁，达 200 次以上，从而引起材质劣化，主轴出现裂纹。

2. 间接原因

《××××公司大型机组管理规范》明确超过原设计使用年限、零部件老化、技术性能落后、故障率高的设备应予以改造、更新。103J、105J 压缩机组均超出设计使用寿命，故障率高，曾提出改造申请，因方案不成熟等原因未批准，后经风险评估将其列入公司级超期服役设备重大风险，进行特护监控运行。

五、故障处理措施

（1）对 105J 高压缸及齿轮箱进行开盖大修，更换转子、联轴器、径向瓦。

（2）对故障转子解体、检测，更换主轴，修复备用，并对裂纹部位进行失效分析。

六、管理提升措施

（1）修改完善自行编制的《氨压缩机组检修作业指导书》。

（2）提高风险识别意识，对曾经发生故障的转子进行深入的原因分析，制定全面的检测和修复方案并进行更新，且转子修复过程中全程见证验收。

（3）按公司级超期服役设备管理措施，进行特护监控运行。

（4）每月由特护小组副组长负责进行运行参数趋势分析，并制定相应对策。

七、实施效果

通过更换新的转子及相关主要部件后，机组运行正常。

附件 溯源分析表

<table>
<tr><td colspan="7">××××煤化工部105J高压缸振动值高高报溯源分析</td></tr>
<tr><td rowspan="2">1.1
概况</td><td>运行部</td><td>煤化工部</td><td>装置</td><td>合成装置</td><td>设备位号</td><td>105J氨压缩机组</td></tr>
<tr><td>生产流程简介</td><td colspan="5">105J主要作用是将液氨闪蒸气槽111F、110F出来的闪蒸气(氨和惰气)进行压缩，再经氨冷凝器127C冷凝成液氨</td></tr>
<tr><td rowspan="4">1.2
设备参数</td><td>设备型号</td><td colspan="5">生产厂家：迪拉瓦公司；型号：7CK45</td></tr>
<tr><td>设备主要参数</td><td colspan="5">105J高压缸分为二段，共7级，轴功率5972kW，转速8900r/min</td></tr>
<tr><td>缺陷记录编号</td><td>QXDJ2112300001</td><td>缺陷发生时间</td><td>2021年12月23日</td><td>缺陷部件</td><td>105J高压缸</td></tr>
<tr><td>缺陷现象</td><td>VM514振动值由0.8mil上升到5.3mil</td><td>缺陷原因</td><td>转子驱动端轴头径向跳动严重超标，最大0.35mm</td><td>缺陷机理</td><td>主轴疲劳弯曲</td></tr>
<tr><td rowspan="5">1.3
处理措施</td><td>故障强度</td><td colspan="5">本次故障造成合成装置合成回路非计划停工</td></tr>
<tr><td>处理措施1</td><td colspan="5">12月21日，VM514振动值1.5mil报警，做工艺操作分析，频谱分析，油样分析，负荷、油温、油压调整，召开专题会，分析原因</td></tr>
<tr><td>处理措施2</td><td colspan="5">12月22日，召开专题会，制定特护方案，定设防值授权停机，并制定抢修方案，做好检修准备</td></tr>
<tr><td>处理措施3</td><td colspan="5">12月23日，停车抢修，检查联轴器，对中复查，检查转子径向跳动，检查径向瓦，开大盖更换转子，复查转子几何精度，并更换联轴器、径向瓦，对中调整</td></tr>
<tr><td>处理措施4</td><td colspan="5">后期将进行转子拆解，查找分析径向跳动超标的根原因，并制定落实转子备用方案</td></tr>
</table>

基于过程分析的问题排查表

故障时间	人	机	料	法	环
2019年11月17日	—	105J突然停车造成高压缸轴瓦磨损严重，瓦架变形，平衡气封磨损达5mm，各级气封磨损严重；转子两端轴承位轴颈磨损严重，一、二级开式叶轮磨损，轴端及各级气封安装位磨损，驱动端尤为严重	—	更换转子、径向瓦、推力瓦、平衡气封等，修复后开车，运行正常	市电网晃电造成装置全线停车
2020年3月	—	—	—	损坏转子送株洲新能动力有限公司做前期检测，两端轴承位轴颈磨损严重，一、二级开式叶轮磨损，轴端及各级气封磨损，低速动平衡不合格，转子各部件表面渗透检测合格、除磨损部位外几何精度检测合格(最大径向跳动0.03mm)、测振带电跳合格。进行了现场见证验收，并依据检测报告制定了修复方案	—

续表

基于过程分析的问题排查表					
故障时间	人	机	料	法	环
2020年7月	—	—	—	损坏转子送新锦化机械制造有限公司进行修复，两端轴承位轴颈激光修复，一、二级开式叶轮磨损修磨，轴端及各级气封磨损部位光刀，转子各部件表面渗透检测合格、几何精度检测合格、低高速动平衡合格，测振带机械及电气跳动合格。详见检测修复报告	—
2021年11月8日	—	—	—	105JHP常规大修，并更换2020年修复的转子(第一次使用)及推力瓦、干气密封，各检修数据均符合要求，对中过程中对联轴器轮毂进行圆跳动检查，小于0.03mm	—
2021年12月9日17时54分	—	机组检修后开车，运行平稳，工艺工况正常无波动，各参数均在指标范围内，VM513、VM514振动值在0.8mil左右，无电跳超标虚值成分	—	—	—
2021年12月16日	期间召开两次专题会，进行原因分析、制定特护与抢修方案	2021年12月16日，VM513、VM514振动值开始持续轻微上涨，19日涨幅变大，12月21日12时到1.5mil报警，12月22日到2.0mil高高报，12月22日23时40分到2.8mil，12月23日7时48分到4.2mil，决定停车甩合成老区。此期间监测发现瓦温正常，频率变化主要体现在工频明显增大，2倍频基本不变，且相位角也有20°左右的变化，现场测量壳体振动0.9mm/s，并不高。相关联部位振动也相应增大，高压缸入口端VM515/VM516振动由0.7mil涨到1.5mil，增速箱高速轴振动VM512由0.4mil涨到1.2mil，现场测量增速箱壳体振动速度值也相应增大，达3.7mm/s	—	(1)初步判断为转子不平衡、转子弯曲、联轴器卡涩或零部件松动及径向轴承、增速箱存在故障的可能。 (2)设置振动与温度设防值：VM515或VM516达1.5mil；VM512达1.5mil；TM513A或TM513B达100℃，任一参数达到设定值，授权操作人员立即停合成老区。 (3)VM514达2.8mil，立即向上级汇报，讨论分析决定停车时间。 (4)做好停工检修准备，制定检修方案，备好备件，抢修时间控制在72h内	—

续表

基于过程分析的问题排查表

故障时间	人	机	料	法	环
2021年12月23日7时48分	判断VM513、VM514测振带存在机械跳动或电气跳动，存在虚值成分，其他部位振动真实有效	7时48分VM514振动值到4.2mil，决定停车用合成老区进行抢修，慢转过程中VM513、VM514振动值达5.3mil，且无变化，直至转速为零时才变为零	—	—	—
2021年12月23日9时	判断转子因超设计使用寿命(40年)引起材质劣化，或市电网晃电紧急停车造成了主轴疲劳弯曲或裂纹，在后期的运行过程逐步表现出来，引起径向跳动严重超标	停车抢修，检查发现联轴器齿面点蚀，对中数据偏离，测振带间隙电压变化较大，VM513/VM514测振带径向跳动0.11mm，轴承位径向跳动0.06mm，轴头径向跳动0.35mm	—	(1)检查联轴器隔套窜量合格，油泥较多，啮合齿面有点蚀现象和氧化变色。 (2)对中复查，对中数据偏离较大(因轴头径向跳动大造成数据不真实)。 (3)检查测振带间隙电压变化较大，测振带、轴承位、轴头径向跳动均超标。 (4)拆检径向轴承、推力轴承、干气密封，未发现明显异常。 (5)开大盖更换转子。 (6)排查转子径向跳动在运行过程中超标的原因，无超速、超负荷、超压比、急冷、暖机不充分等运行趋势，并检查平衡气封间隙合格，平衡管畅通，无轴向力过大现象。 (7)回装，对中，各检修数据合格。 (8)转子送大陆激光科技有限公司，上低速动平衡机进行几何精度检查，径向跳动情况与现场测量一致。 (9)分析对比晃电停车前后转子临界转速，由2327r/min下降到2229r/min	—
2021年12月25日10时36分	—	机组开车，运行平稳，各参数均在指标范围内，停车抢修时间控制在51h，装置停车55h	—	—	—

续表

基于排查问题的溯源分析表

故障	直接原因	谁来做（管理职责是否明确具体）	怎么做（制度规程是否规范完整）	会不会做（人员能力是否满足要求）	能不能做（资源配置是否到位充分）	做得如何（检查考核是否及时有效）
1	转子因晃电突然停车造成了主轴损伤，修复后使用过程中出现弯曲，引起径向振动严重超标	《××××公司大型机组管理规范》明确直属单位设备管理中心为大型机组主体，负责组织本单位大型设备的运行和维护、检修工作	《石油化工设备维护检修规程》第五册《化肥设备》及自行编制的《氨压缩机组检修规程》中无损检测要求为“转子整体无损检测合格”，未对事故转子是否需全面解体检测提出指导性意见	维修与技术管理人员依相关检修规程将转子外委专业厂家进行了几何精度检查、表面渗透检测、轴颈修复、低高速动平衡试验。但是对发生非典型事故后的转子损伤程度评估不充分，未考虑到疲劳弯曲或主轴隐蔽部位的疲劳裂纹缺陷，没有对转子进行解体做金相分析和全面检测	维修与技术人力资源配置充分	已按现有职责及制度执行到位
2	该转子设计使用寿命40年，且按3年一次大修，单根转子开停次数16次进行设计的；已超设计使用寿命运行，且开停车次数频繁，达200次以上，从而引起材质劣化，在后期的运行过程逐步表现出来，引起径向跳动严重超标	《××××公司大型机组管理规范》明确直属单位设备管理中心为大型机组主体，负责组织本单位大型设备的运行和维护、检修工作	《××××公司大型机组管理规范》明确超过原设计使用年限、零部件老化、技术性能落后、故障率高的设备应予以改造、更新	具备相应的能力	维修与技术人力资源配置充分	103J、105J压缩机组均超出设计使用寿命，故障率高，曾提出改造申请，因方案不成熟等原因未批准，后经风险评估将其列入公司级超期服役设备重大风险，进行特护监控运行

基于溯源分析的提升措施

存在主要问题	提升措施	责任部门
1.《石油化工设备维护检修规程》第五册《化肥设备》及自行编制的《氨压缩机组检修规程》中无损检测要求为“转子整体无损检测合格”，未对事故转子是否需全面解体检测提出指导性意见	修改完善自行编制的《氨压缩机组检修作业指导书》	设备管理部 运行部
2. 对发生事故后的转子损伤程度评估不充分，未考虑到疲劳弯曲或主轴隐蔽部位的疲劳裂纹缺陷，没有对转子进行解体做金相分析和无损探伤	提高风险识别意识，对发生事故的转子进行金相分析及解体全面检测，必要时更新。转子修复过程中全程见证验收	设备管理部 运行部
3. 超过原设计使用年限设备、备件未及时更新	按公司级超期服役设备重大风险控制措施，继续进行特护监控运行	运行部 设备管理部
4. 振动值持续增大初期未及时发现	每月由特护小组副组长负责进行运行参数趋势分析，并制定相应对策	运行部 设备管理部

案例三 空分装置空压机轴位移增大故障案例

一、故障概述

2014年8月~2015年9月，××××公司空分装置压缩机组(汽轮机一拖二：空压机、增压机)多次发生空压机推力瓦瓦温持续升高、轴位移增大(超报警值、接近联锁值，被迫主动停机检查、维修)，由于最初故障原因不明，曾采取调整负荷、油压、油温等操作，未见好转，空压机被迫停车检修，空分装置停工。

二、故障过程

(1) 自2014年7月底，空压机出现轴位移异常及止推瓦温度上升，据厂家分析轴位移由0.75mm上升至0.90mm，主推瓦温度由75℃上升至105℃并与副推瓦温度发生分离的主要原因可能是：级间密封及平衡鼓末级密封泄漏导致系统轴向平衡被打破，止推轴瓦承受了较大的轴向力，2014年9月停机进行短暂检修。

(2) 自2014年9月检修完(检查径向瓦、更换主推力瓦)开机，空压机轴位移持续增大的情况并没有得到改善，主推瓦温度升高至107℃左右，已经接近联锁值。

厂家(MAN)认为降低空压机负荷以及适当降低油温、提高油压有助于缓解轴位移的恶化；由于该机器已运行9年，本次检修重点对气封等易损件和转子进行全面检查，回装后重新开车。

(3) 从2015年1月初起，发现空压机轴位移、轴瓦温度开始逐渐增加、增大(图3-1)。至3月24日，空压机轴位移：0.7097mm、主推力瓦温97℃，均已达报警值。厂家分析原因是主推力轴承不能抵消转子的轴向力，轴向力未达到平衡导致空压机的轴位移增加(转子向进气侧移动)。透平轴位移：-0.200mm(历史最大值：-0.213mm)，主推力瓦温：81.37℃(历史最大值：93.84℃)。对于透平的轴位移，最初是受联轴器保护的，并不完全跟随空压机轴位移变化，当联轴节的间隙余量值达最大后，透平轴位移开始先负向增大，后维持不变。从拆卸后的瓦块可以看出，瓦块磨损较严重。

空压机、透平的轴位移和瓦温数据表明主推力轴承已不能抵消转子的轴向力，于是初步判断空压机的内部机械部件已损坏，安排停车检查，对润滑油进行多次采样分析，油品分析的结果均表明润滑油符合使用要求，因此，排除了因润滑油致使空压机轴位移增大的可能。判断的可能原因有：①推力瓦块和推力盘的平行度超标；②推力盘瓢偏值偏大；③轴承体上，定位销配合紧力不够；④推力工作面，瓦块本体的厚度或瓦块间的厚度差过

大；⑤转子窜动，瓦块与推力盘摩擦。

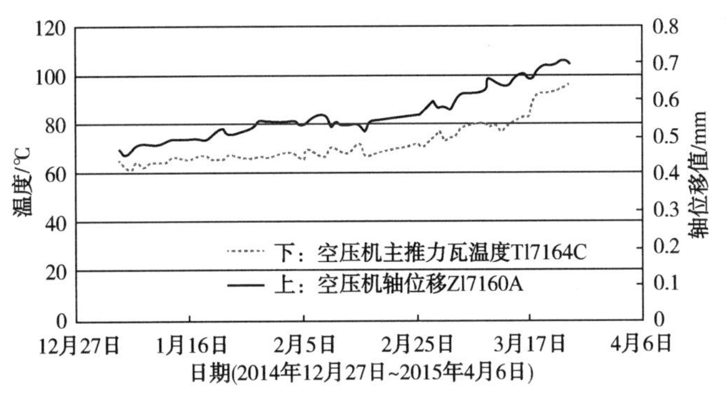

图 3-1　空压机轴位移、瓦温历史曲线

(4) 继 2014 年 9 月、2014 年 10 月、2015 年 3 月前三次的检修，空压机组被迫进行第四次检修，依据停车前 DCS 上检测的数据参数趋势，与前三次检修前的状态极其相似。机组检修前，厂家(MAN)将之前故障瓦块送至 MAN 总部实验室分析，非常肯定地认为，瓦块的损坏是由于电击造成的，原因是电击造成瓦块表面损伤，在显微镜下观测的图像与电腐蚀的液滴状小坑一致。

三、故障机理分析

本机组可造成电击的部位有径向轴承和止推轴承的承载面，可能使油膜和间隙电阻减小，引起放电。其中止推轴承的推力面是最容易发生电火花放电的部位，据国外资料报道，一台汽轮发电机组的止推轴承在轴承电流的充电和放电作用下，新更换的轴承使用不到两周就被侵蚀得无法继续工作。

四、故障原因分析

在 2015 年 9 月 11 日停车前，对接地线进行检查测电，在断开接电线 1min 后，测得电势为 52V；后又在碳刷的相同位置另外一侧空压机进、回油管线上装接地线，测得转子上带电 4.3V，此后几天内(三四天)转子的轴位移和瓦温稳定，直至停车。

碳刷刷头清晰可见的分界线(每个刷头分界线：一边起清洗作用，一边起导电作用，安装有方向)，机组碳刷刷头总长度 3cm，有效长度 2cm，此次(2015 年 9 月)停车后拆下碳刷，发现碳刷有效长度已被磨掉，甚至磨损到碳刷支架。厂家(MAN)给出的说法是因为转子静电电压高，放电电流大，致使刷头磨损加快，此次刷头只用了不到 5 个月，已严重磨损。

五、故障处理措施

机组新增加三处电刷，空压机、透平、增压机各转子上各有一处。分别对各处轴承箱、联轴器端盖进行开孔、攻丝，安装固定电刷支架，先用“假轴”确定位置(木板上的黑线处于电刷刷毛中间)，找准黑线与转子相切位置(运用到内窥镜)，然后氩弧焊焊接电刷支架与轴承箱，拆卸“假轴”，安装电刷，记录电刷指示针位置。

六、管理提升措施

(1) 定期检查碳刷、电刷接地线的电势、电流；
(2) 在线检查与转子的接触情况。

七、实施效果

通过增加碳刷、电刷，管线跨接线接地，润滑油更换，级间气封更换等措施，机组的轴位移、瓦温稳定，运行正常。

附件 1 溯源分析表

<table>
<tr><td rowspan="3">1.1
概况</td><td>企业</td><td>××××</td><td>装置</td><td>空分</td><td>设备及位号</td><td>空压机 C-01</td></tr>
<tr><td>填报人</td><td></td><td>联系方式</td><td></td><td>故障类别</td><td>C-01 轴位移、推力瓦温持续升高超报警，接近联锁值，被迫主动停车查找原因</td></tr>
<tr><td>生产流程简介</td><td colspan="5">空气压缩机组主要设备为蒸汽透平 C-01D/C-02D 驱动的离心式空气压缩/增压机 C-01/C-02 的联合机组，其主要辅助设备有各级气体冷却器、公用油站、透平真空系统等。
空气压缩机组主要任务是从大气中吸入常压空气经 C-01 空气压缩机四级等温压缩，出口压力为 0.592MPa(A)，出口温度为 86℃，出口额定流量为 $287900m^3/h$ 的压缩空气为 $56000m^3/h$ 的空分装置提供原料空气，同时兼供空分装置自用的仪表空气</td></tr>
<tr><td rowspan="4">1.2
设备参数</td><td>设备型号</td><td colspan="5">生产厂家：MAN Turbo
类型：带可调进口导叶的离心式压缩机
型号：RIK140-1+1+1+1</td></tr>
<tr><td>设备主要参数</td><td colspan="5">压缩机出口压力：0.592MPa(A)
出口温度：86℃
额定转速：4050r/min
空气流量：$287900m^3/h$
轴功率：27500kW</td></tr>
<tr><td>故障记录编号</td><td></td><td>故障发生时间</td><td>2014 年 8 月</td><td>故障部件</td><td>主推力瓦</td></tr>
<tr><td>故障现象</td><td>推力瓦温升高、轴位移持续增大</td><td>故障原因</td><td>转子静电腐蚀</td><td>故障机理</td><td>转子旋转过程中，产生静电，未能及时释放，在空压机推力盘与推力瓦之间击穿油膜，损坏瓦面，承载轴向力减弱，轴位移、瓦温持续升高</td></tr>
<tr><td rowspan="4">1.3
处理措施</td><td>故障强度</td><td colspan="5">本次故障导致空压机被迫停机检查</td></tr>
<tr><td>处理措施 1</td><td colspan="5">空压机组停机，检查径向瓦、更换推力瓦</td></tr>
<tr><td>处理措施 2</td><td colspan="5">揭缸、更换梳齿胶木密封环，检查、更换碳刷</td></tr>
<tr><td>处理措施 3</td><td colspan="5">更换润滑油，安装电刷</td></tr>
</table>

基于排查问题的溯源分析表

直接原因	谁来做（管理职责是否明确具体）	怎么做（制度规程是否规范完整）	会不会做（人员能力是否满足要求）	能不能做（资源配置是否到位充分）	做得如何（检查考核是否及时有效）
设备管理人员对故障现象识别不足，未能及时找到故障原因并有效解决问题	《××××大机组管理实施细则》规定，负责开展大机组状态监测和故障诊断工作，及时发现设备故障和隐患；参与制定并落实整改措施，减少非计划停机	《××××大机组管理实施细则》规定负责本单位有关人员的技术培训和考核，不断提高上岗人员管理、操作和维护水平	需要培训提升人员识别、排查故障的能力	《××××大机组管理实施细则》明确机动部、运行部、维保单位的职责，资源配置到位	对于静电接地系统检查不够完善，需要完善检查标准

续表

基于溯源分析的提升措施		
存在主要问题	提升措施	责任部门
对故障识别不足	加强技能培训和管理水平	运行部
设备检查、检修内容策略不足	完善检修项目表，制定部件检查、更换周期	运行部

附件 2　根原因/失效分析报告

1　故障现象及处理

1.1　机组特性

2014 年 8 月~2015 年 9 月，××××公司空分装置压缩机组，多次发生推力瓦瓦温持续升高、轴位移增大(超报警值、接近联锁值，被迫主动停机检查、维修)，由于静电腐蚀而造成机组被迫停车，经改进后，2015 年 9 月至今运行良好。压缩机参数见附表 3-1。

附表 3-1　压缩机参数

项　　目	××××公司	项　　目	××××公司
压缩机型式	离心式	压缩级数	四级叶轮压缩
压缩介质	空气	机型	MAN Turbo RIK140-4
机组能力/(m^3/h)	56000	润滑油油品	Mobil DTE846
入口压力/MPa	常压	投运时间	2005 年
出口压力/MPa	0.592		

1.2　故障处理

××××公司空分机组故障期间的瓦温、轴位移随时间变化的曲线见附图 3-1。

对于本机组，可造成电击的部位有径向和止推轴承的承载面、汽轮机对增压机的传动齿面、增压机的驱动齿轮、迷宫密封齿面，这些部位因运行中的条件变化(如转速、负荷、温度、状况以及转子振动等)，均可能使油膜间隙电阻减小，引起这些部位的电火花放电。其中止推轴承的推力面是最容易发生电火花放电的部位，据国外资料报道，一台汽轮发电机组的止推轴承在轴承电流的充电和放电作用下，新更换的轴承使用不到两周就被侵蚀得无法继续工作。

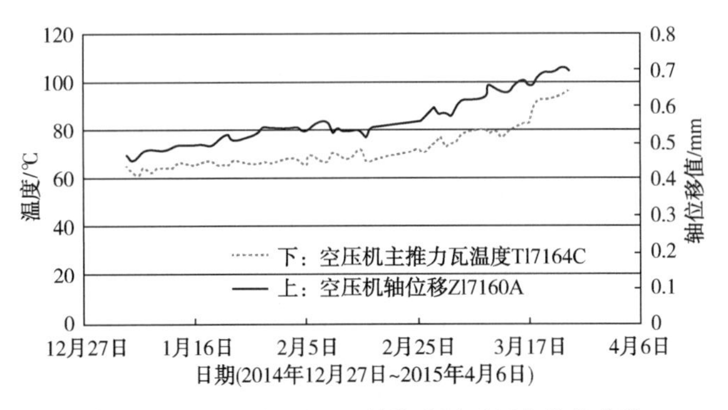

附图 3-1　空压机瓦温、轴位移随时间变化的曲线

针对××××公司空分机组的静电腐蚀故障，在更换偏磨的瓦块、研磨受损的推力盘基础上，采取增加电刷(转子产生的静电及时释放)、检查完善静电接地系统、更换润滑油(以防润滑油的变质增加导电的可能性)。在原机组静电接地的基础上增加了两组电刷接地线，增加的电刷安装如附图 3-2 所示。

为避免及降低静电腐蚀对机组转子安稳长周期运行的影响，实际生产中从以下方面进行维护：①保证电刷刷头的安装角度和间隙；②全面检查接地线，消除接地线不通的故障；③为保证电刷的措施有效性，电刷定期维护检查，定期(如每周、每月)检测接地电刷连接线上的电压值、碳刷对地电阻值。电刷的电压测量接线如附图 3-3 所示。

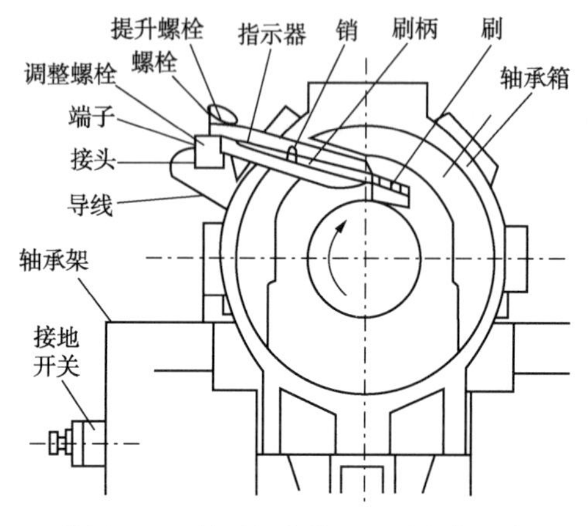

附图 3-2 轴承箱内接地电刷安装示意

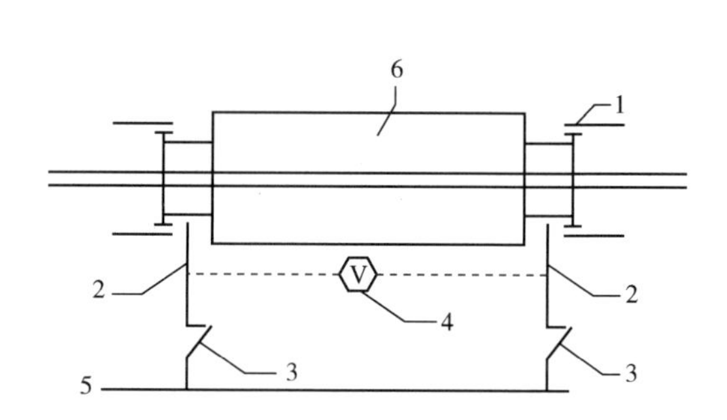

附图 3-3 电压测量电路

1—联轴节；2—接地刷；3—接地开关；
4—欧姆表；5—接地；6—转轴

2 原因分析

转子的静电荷存在一定的积聚过程，如果转子接地情况良好，其便导入大地；若接地系统在运行中失效，积聚的电荷达到一定数值时，其不得不释放，将在薄弱点击穿，破坏原有配合的间隙。薄弱点影响因素包括间隙、材质等，机组整台设备与转子最紧密的部件是轴承和密封，密封的间隙相较于轴瓦间隙较大，且若是金属密封，其材质相对较硬。因而当转子带电荷后，其释放点主要是轴承，大型机组轴瓦表面常用的材料是巴氏合金，一种质地软、强度低的低熔点合金。大型机组中轴瓦表面的油膜厚度一般为 0.03～0.08mm，可知轴瓦的油膜较薄，因而当转子积聚电荷后需要发生电势击穿时，极有可能在径向瓦或推力瓦表面击穿。若在推力瓦表面击穿，则会破坏推力瓦与推力盘之间所建立的油膜(油质导电性也是油膜容易击穿的原因)，推力瓦则处于半干摩擦或干摩擦状态下运行，造成烧瓦事故或瓦面损坏，监测数据反映的是瓦温和轴位移不断升高并最终至其联锁值，机组被迫停车。

电刷刷头被磨损的原因有两个：一是与转子长期接触而磨损(与转子之间相对运动的摩擦力促使刷头被消耗性地磨损)；二是电刷刷头与转子存在虚接情况，其间隙足够转子蓄积电势的击穿，较大且长期存在的击穿电势加速了刷头磨损。

3 结语

通过对故障原因的分析与处理，制定并采用了防静电腐蚀的保护措施，空压机的运行状况明显好转。空压机目前已持续运行 7 年，性能参数良好。消除了影响空压机稳定运行的因素，为机组安稳长满优运行奠定坚实基础，达到稳定生产目标。

案例四 空分装置仪表风空压机故障案例

一、故障概述

2021 年 5 月 9 日，对空分装置仪表风空压机 K-4101 盘车检查，发现存在卡涩，无法正常盘车，因装置在停工大检修期间，未对空分装置造成影响。

二、故障过程

2021 年 4 月 14 日，空分装置停工检修，停运仪表风空压机 K-4101，该机已连续运行多年，为三级压缩，停机之前一级振动 VIAS2010A 为 19~20μm，分析原因为压缩机运行周期较长，入口过滤器过滤效果差，空气中粉尘黏附在叶轮处造成卡涩。

三、故障机理分析

对压缩机一、二、三级叶轮和轴瓦进行拆检，各级轴瓦未见明显磨损，但各级叶轮处均有杂质，特别是二级叶轮处杂质最多，致使叶轮与扩压器间隙变小，造成二级叶轮与扩压器卡涩。

四、故障原因分析

2021 年 5 月 10 日，对压缩机进行拆检，对压缩机组内部部件进行检查及相应数据进行测量，判断压缩机无法正常盘车的原因。重点从以下几个方面进行检查。

（1）叶轮与导流器外观及间隙检查。叶轮轴向间隙：一级 0. 45mm、二级 0mm、三级 0. 35mm。二级导流器有卡涩痕迹，L 轴二级叶轮卡死无法盘车。

（2）检查 L 轴、H 轴、G 轴转子外观质量，检查轴瓦间隙。轴瓦间隙：L 轴一级 0. 27mm、二级 0. 16mm，H 轴三级非电机侧 0. 13mm、电机侧 0. 14mm，G 轴电机侧 0. 24mm、非电机侧 0. 25mm。

（3）检查轴瓦瓦背紧力。轴瓦紧力：L 轴一级 0mm、二级 0. 01mm，H 轴三级非电机侧与电机侧均为 0. 01mm，G 轴非电机侧与电机侧均为 0. 02mm。

（4）检查转子油封间隙。L 轴一级 0. 25mm、二级 0. 22mm，H 轴三级非电机侧 0. 20mm，G 轴 0. 21mm。

（5）检查转子圆跳动。L 轴最大 0. 01mm、H 轴 0mm、G 轴 0mm。

（6）检查轴颈尺寸。L 轴 ϕ50. 80mm，H 轴非电机侧 ϕ38. 10mm、电机侧 ϕ34. 90mm、G 轴 ϕ89. 00mm。

（7）L 轴、H 轴、G 轴转子检查。平行度：L 轴与 G 轴 0.02mm、H 轴与 G 轴 0.02mm（非电机侧大）。交叉度：L 轴与 G 轴 0.01mm、H 轴与 G 轴 0.01mm（电机侧低）。

（8）检查变速箱齿轮啮合间隙、齿面接触情况。L 轴与 G 轴 0.60mm、H 轴与 G 轴 0.49mm。齿面接触面≥75%。

（9）止推轴承轴向间隙。L 轴 0.20mm、H 轴 0.13mm、G 轴 0.15mm。

（10）转子及动静间隙灰尘积存。空气入口滤芯杂质较多，本次检修滤芯全部更换。

五、故障处理措施

（1）各级导流器清洗干净。

（2）机组安装规范要求重新核对尺寸数据，按要求回装。

① 更换 L 轴轴瓦。轴瓦间隙：L 轴一级 0.14mm、二级 0.15mm，H 轴三级非电机侧 0.13mm、电机侧 0.14mm，G 轴电机侧 0.24mm、非电机侧 0.25mm。

② 轴瓦紧力：L 轴一级 0mm、二级 0.01mm，H 轴三级非电机侧与电机侧均为 0.01mm。

③ 油封间隙：L 轴一级 0.25mm、二级 0.22mm，H 轴三级非电机侧 0.20mm，G 轴 0.21mm。

④ 轴颈圆跳动：L 轴最大 0.01mm、H 轴 0mm、G 轴 0mm。

⑤ 轴颈尺寸：L 轴 ϕ50.80mm，H 轴非电机侧 ϕ38.10mm、电机侧 ϕ34.90mm，G 轴 ϕ89.00mm。

⑥ 平行度：L 轴与 G 轴 0.02mm、H 轴与 G 轴 0.02mm（非电机侧大）；交叉度：L 轴与 G 轴 0.01mm、H 轴与 G 轴 0.01mm（电机侧低）。

⑦ 啮合间隙：L 轴与 G 轴 0.60mm、H 轴与 G 轴 0.49mm，变速箱齿面接触面≥75%。

⑧ 止推轴承轴向间隙：L 轴 0.18mm，H 轴 0.13mm，G 轴 0.15mm。

⑨ 所有配件检查外观无明显缺陷。

（3）Ⅰ级、Ⅱ级轴承因为间隙较大，更换轴承。

（4）更换全部滤芯。

六、管理提升措施

（1）运行部需加强本单位停运转动设备定期盘车跑油等定时性事务落实情况的检查。

（2）运行部及检安公司维保单位应认真落实公司相关转动设备巡检监测要求，发现问题及时登记处理。运行部对本单位设备数据的全面性、完整性负责，机动部加强对运行部及检安公司巡检频次、巡检质量及巡检报警数据闭环处理等情况的检查和考核。

（3）运行部及检安公司维保单位应及时关注压缩机入口过滤器结构情况及过滤器反吹系统的运行情况，做到有问题及时发现及时处理。

七、实施效果

自 2021 年 5 月 14 日压缩机检修完运行至今，运行部严格执行管理提升措施要求，压缩机运行情况良好，未出现压缩机组故障现象。

附件　溯源分析表

<table>
<tr><td rowspan="3">1.1
概况</td><td>企业</td><td>××××</td><td>装置</td><td>空分装置</td><td>设备及位号</td><td>K-4101</td></tr>
<tr><td>填报人</td><td>×××</td><td>联系方式</td><td></td><td>故障类别</td><td>5级</td></tr>
<tr><td>生产流程简介</td><td colspan="5">空压站为一台ZH-15000型压缩机，设计流量为12000Nm³/h，任务为全厂提供压力为0.6~0.8MPa、露点小于-40℃的工厂风</td></tr>
<tr><td rowspan="4">1.2
设备参数</td><td>设备型号</td><td colspan="5">K-4101</td></tr>
<tr><td>设备主要参数</td><td colspan="5">设计流量：210m³/min；出口压力：0.8MPa；出口温度：38℃；功率：1309kW；转速：2985r/min</td></tr>
<tr><td>故障记录编号</td><td>01</td><td>故障发生时间</td><td>2021年5月9日</td><td>故障部件</td><td>压缩机本体</td></tr>
<tr><td>故障现象</td><td>压缩机盘不动车</td><td>故障原因</td><td>二级叶轮与扩压器间隙堵塞</td><td>故障机理</td><td></td></tr>
<tr><td rowspan="4">1.3
处理措施</td><td>故障强度</td><td colspan="5">5级</td></tr>
<tr><td>处理措施1</td><td colspan="5">压缩机入口过滤器滤芯更换</td></tr>
<tr><td>处理措施2</td><td colspan="5">压缩机缸体清洗</td></tr>
<tr><td>处理措施3</td><td colspan="5">压缩机更换轴承，按装机要求进行重新装机作业</td></tr>
</table>

基于排查问题的溯源分析表

直接原因	谁来做（管理职责是否明确具体）	怎么做（制度规程是否规范完整）	会不会做（人员能力是否满足要求）	能不能做（资源配置是否到位充分）	做得如何（检查考核是否及时有效）
设备管理人员对设备预防性检修理解不足	《××××设备检验、测试和预防性维修（ITPM）管理程序》明确： 由设备使用单位编制设备ITPM计划，及时安排状态维修及预防性维修	《××××设备检验、测试和预防性维修（ITPM）管理程序》明确： （1）设备检维修策略。 （2）预防性维修任务：基于设备运行状态或者运行周期进行维护保养及修理	设备管理人员未了解设备各易损件检查更换周期	仪表风空压机K-4101依据运行状态检测数据定期维修	仪表风空压机仪根据运行状况对机组进行状态检测，对入口过滤器关注不足
班组人员对设备运行参数变化关注不足	《××××设备完整性管理体系手册》明确：按照设备完整性管理体系要求，组织开展做实以设备缺陷、设备风险、设备变更、设备预防性工作、设备定时性工作、设备专业管理等体系要素为抓手的设备体系化管理工作，提高设备可靠性、经济性运行水平，提升设备管理效能	《××××设备检验、测试和预防性维修（ITPM）管理程序》明确： （1）设备检维修策略。 （2）预防性维修任务：基于设备运行状态或者运行周期进行维护保养及修理	设备管理人员未了解设备各易损件检查更换周期	仪表风空压机K-4101依据运行状态检测数据定期维修	仪表风空压机仪根据运行状况对机组进行状态检测，对入口过滤器关注不足

续表

基于溯源分析的提升措施		
存在主要问题	提升措施	责任部门
设备管理人员对设备预防性检修理解不足	关注设备运行情况，制定设备预防性检修计划，对设备进行预防性检修	运行部
压缩机入口过滤器反吹气系统清洗效果不佳	提高现场巡检质量，联合维保单位定期对过滤器反吹气系统进行检查、记录	运行部

案例五 空分装置空气增压机进入异物故障案例

一、故障概述

空分装置空气增压机是德国 MAN 公司生产的四级多轴式压缩机，2014 年 4 月投产。2016 年 7 月 7 日 14 时 31 分 28 秒，从 DCS 监控发现空分装置空气增压机二级振动点 1201. 02. V31 突然出现高报(报警值为 34μm)，14 时 31 分 36 秒时二级另一振动点 1201. 02. V35 出现高报(报警值为 34μm)，14 时 32 分 49 秒时增压机电机启停反馈出现 OFF，14 时 32 分 50 秒时 1201. 00. X45 增压机单元跳车，检查增压机联锁跳车画面，第一跳车信号为增压机振动联锁跳车信号。

二、故障过程

跳车后公司立即组织人员进行分析，根据状态监控系统及以往经验分析，初步判断有异物进入二级叶轮，决定进行检查。

拆一级换热器至二级蜗壳进口管线、二级蜗壳端盖、扩压器，一级换热器抽芯检查，发现：

(1) 二级蜗壳进口处有异物橡胶皮存在(图 5-1)。

(2) 一级换热器壳体及二级进口管线内发现碎片(图 5-2)。

图 5-1　二级蜗壳进口处发现的橡胶皮

图 5-2　一级换热器壳体及二级进口管线内发现的碎片

(3) 二级叶轮检查无任何损伤(图 5-3)。

(4) 一级换热器抽芯检查发现壳体终端密封压条橡胶皮断裂缺失，经比对确认该处即为故障源(图 5-4)。

图 5-3　二级叶轮

图 5-4　故障源

(5) 更换所有橡皮压条，安装完毕后经确认完好无损。

(6) 二级叶轮螺母液压紧固检查(液压紧固值为 387.4×10^5Pa)，未发现松动现象。

三、故障机理分析

从 3500 系统采集的频谱分析，如下：

(1) 在二级振动突然升高至报警，达到联锁值(45μm)跳停前，主频为 1 倍频，其余的倍频值所占的成分很小(图 5-5)。

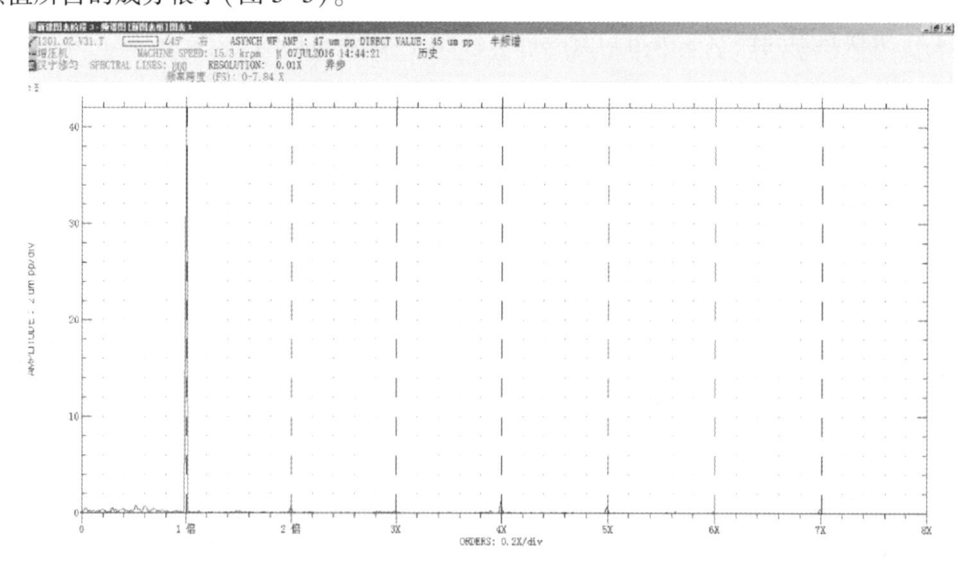

(a) 二级振动频谱图(1201.02.V31.T)

图 5-5　二级振动频谱图

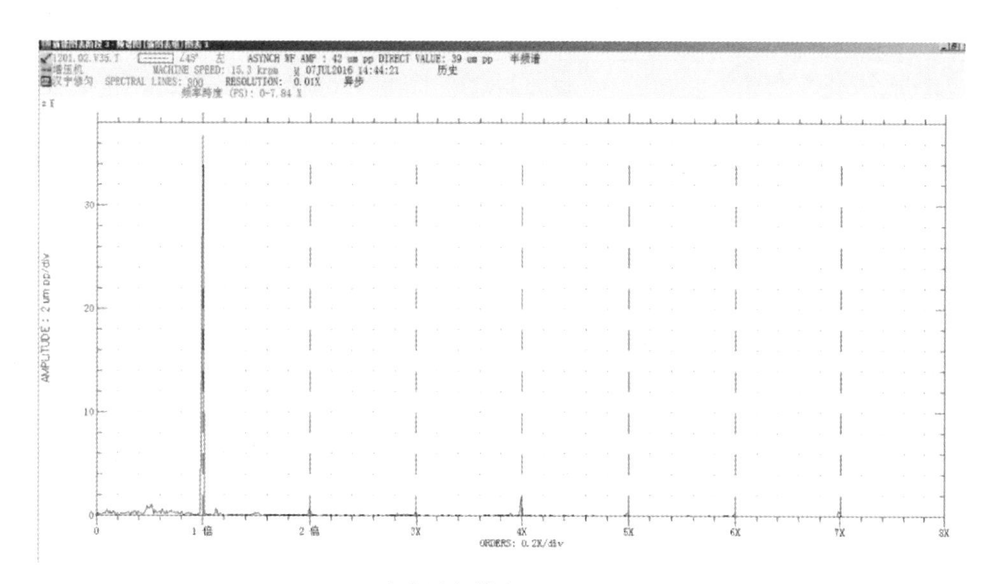

(b) 二级振动频谱图(1201. 02. V35. T)

图 5-5　二级振动频谱图(续)

(2) 二级振动的 1 倍频占通频的 93. 3%(1201. 02. V31. T) 和 94. 8%(1201. 02. V35. T)(图 5-6)。

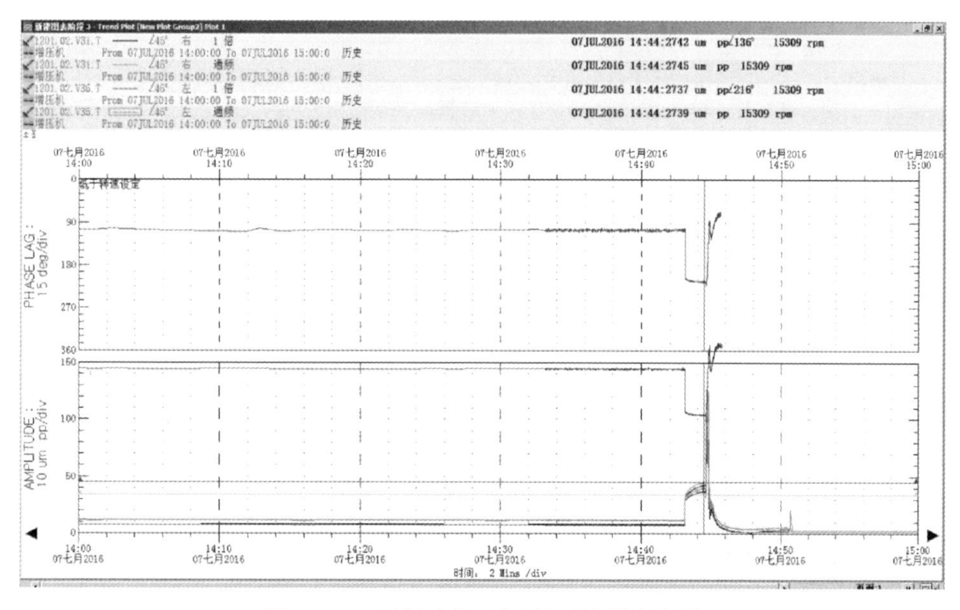

图 5-6　二级振动的 1 倍频与通频的振幅值

(3) 二级振动的轴心轨迹为椭圆，两个振动点的波形为正弦波，进动方向为正进动(图 5-7)。

(4) 在二级振动突然上升时，一、二、三级振动值在正常值范围内(图 5-8)。

根据以上分析主要原因是异物进入，导致短时间的叶轮动不平衡，引起振动幅值剧烈上升，达到联锁值后导致增压机跳停。

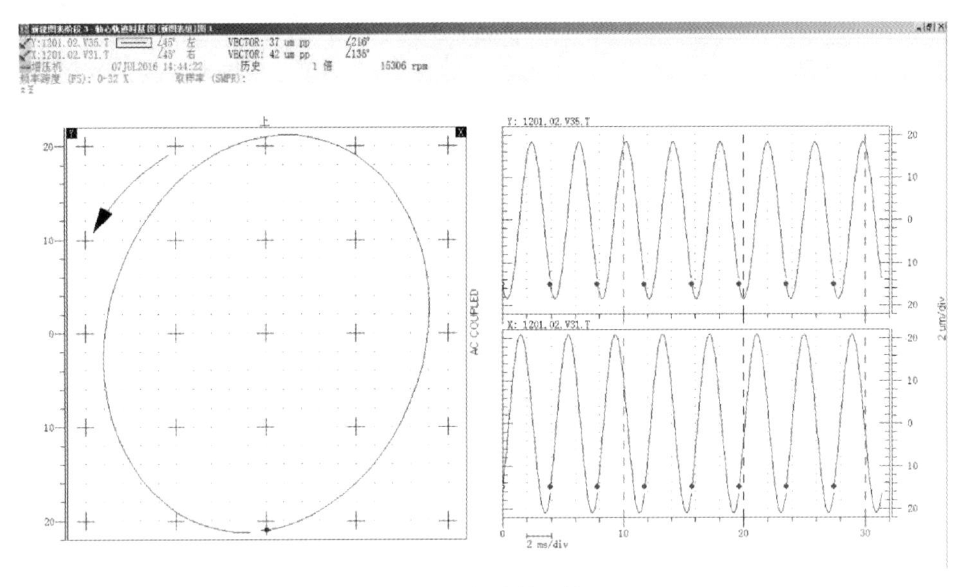

图 5-7　二级振动轴心轨迹图

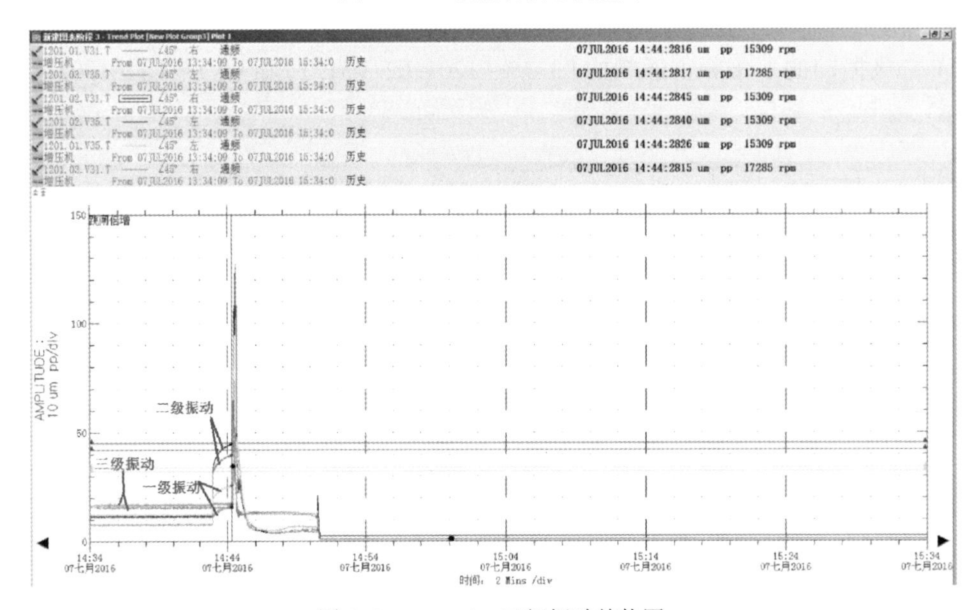

图 5-8　一、二、三级振动趋势图

四、故障原因分析

根据 3500 系统采集的频谱分析，导致此次增压机二级振动突然上升并跳停的原因是：一级换热器壳体内终端密封压条橡胶皮断裂脱落随气流进入二级进口叶片处与高速旋转的叶片(二级轴转速 15283r/min)形成剧烈的撞击，引起振动幅值剧烈上升，达到联锁值后导致增压机跳停。

该换热器结构不合理，只能在换热器抽芯时检查密封橡胶条的完好情况，但在换热器管束回装过程中无法监控，回装完成后又无法进行全覆盖的检查，该换热器在以往多次抽装过程中轨道及换热器管束已经发生变形(经咨询制造厂也没有好的解决办法)，造成密封压条损伤，长时间运行过程中在气流的作用下发生破碎进入机组叶轮。

五、故障处理措施

(1) 更换所有橡胶皮压条，安装完毕后经确认完好无损。

(2) 二级叶轮螺母液压紧固检查(液压紧固值为 387.4bar)，未发现松动现象。

(3) 二级叶轮进行着色探伤，无缺陷，做高速动平衡。

六、管理提升措施

(1) 利用每一次计划停系统机会，抽芯检查一级换热器是否存在缺陷，举一反三检查该机其他换热器是否存在缺陷，做到防患于未然。

(2) 认真梳理该机组机电仪还存在的缺陷与隐患，分析原因，制定整改措施与实施计划时间表。

(3) 仔细梳理短缺的易损备件，及时申报采购。

(4) 解决换热器设计不合理问题，改进换热器结构。

七、实施效果

增压机 7 月 17 日 14 时左右修理结束，18 日 15 时 58 分开始运行，机械运转参数正常，空气流量和出口压力略有下降，但能满足生产要求，运行参数正常，见表 5-1。

表 5-1 性能参数

序号	参数	修前	修后
1	膨胀量最大值/(Nm^3/h)	58384	57007
2	出口压力最大值/kPa	4886	4712
3	增压机电流最大值/A	822	783
4	大齿轮轴振动(前/后)/μm	12/8	12/8
5	一级轴振动/μm	13	13
6	二级轴振动/μm	12	12
7	三级轴振动/μm	16	16
8	四级轴振动/μm	13	13
9	大齿轮轴前轴承温度/℃	78	76
10	大齿轮轴后轴承温度/℃	75	75
11	一级轴承温度/℃	79	80
12	二级轴承温度/℃	80	80
13	三级轴承温度/℃	82	81
14	四级轴承温度/℃	81	82
15	大齿轮轴位移/mm	-0.21	-0.25

案例六 烯烃装置压缩机组轴瓦温度高故障案例

一、故障概述

2017 年 2 月起，烯烃装置 E-GT/GB-2501 压缩机联轴器侧瓦温由 85℃慢慢升至 95℃后，4 月底达到 100℃，之后一直维持在 100℃上下。

二、故障过程

E-GT/GB-2501 是某烯烃部 2#烯烃装置新区丙烯压缩机组，2012 年 10 月～11 月底大修后开车，自 2017 年 2 月起，压缩机联轴器侧瓦温（测点 25631/25632）由 85℃慢慢升至 95℃后，4 月底达到 100℃，之后一直维持在 100℃上下。至 2018 年 3 月已连续运行 5 年多，监测发现联轴器侧轴承温度 ETI25631 发生多次波动（2017 年 10 月 30 日及 31 日瓦温上升至 109℃，2017 年 11 月 30 日瓦温上升至 112℃，2018 年 1 月 25 日瓦温上升至 116℃），存在运行隐患。见图 6-1。

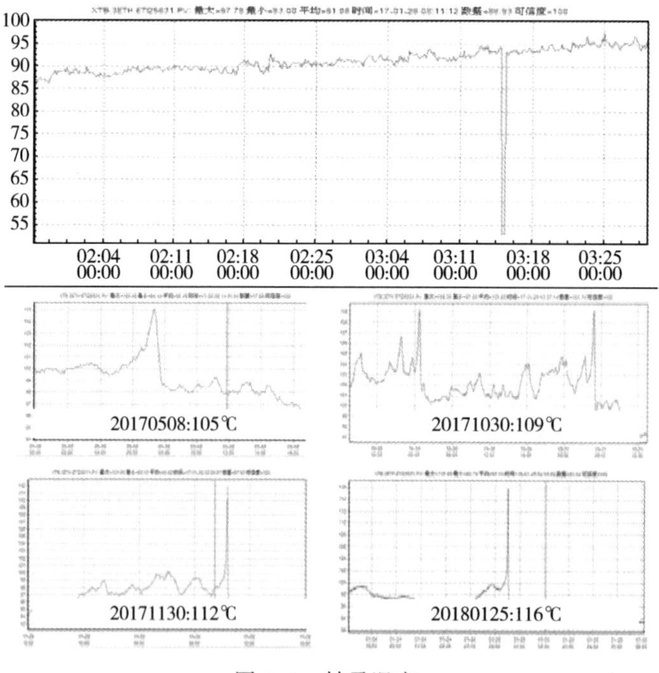

图 6-1　轴承温度

三、故障机理分析

（1）通过现场电阻测定，确定相关仪表无问题，同时轴瓦温度测点 ETI25631/25632 温度变化趋势同步上升、下降，确定轴瓦温度上升是真实的。

（2）该机组现场润滑油油压为 0.15MPa，供油温度 42℃，回油温度 50℃，未有明显的变化趋势。

（3）通过调整转速，可降低轴承温度。经调整转速，轴承的油膜压力及油楔角度发生变化，可倾瓦块恢复了正常摆动，又形成最佳润滑油楔，机组轴瓦温度从而下降。见图 6-2。

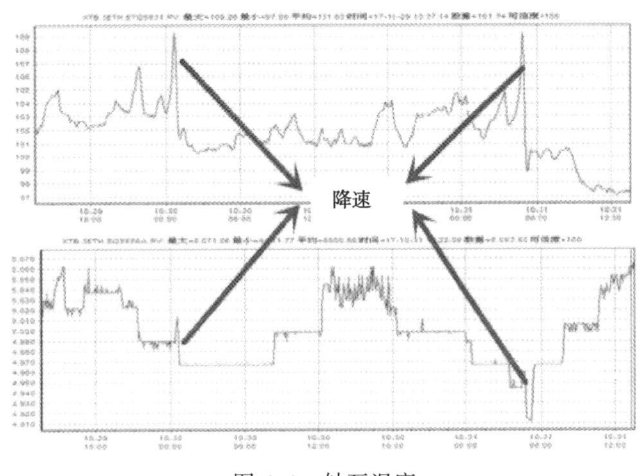

图 6-2　轴瓦温度

（4）开启 ESP136 滤油机后，机组轴瓦温度会下降。见图 6-3。

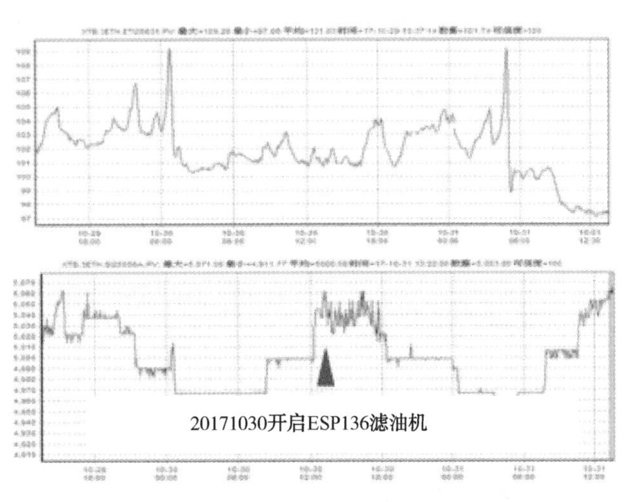

图 6-3　轴瓦温度

（5）从 S8000 频谱分析，该侧轴振动频谱存在 0.5 倍频，油膜故障相关频率见图 6-4。

（6）机组润滑油分析：委托××××润滑油研究所分析漆膜倾向指数 MPC：8.6(标准<10)。

结论：对以上现象分析认为是轴瓦表面逐步形成的积炭、漆膜，影响了轴瓦的润滑和

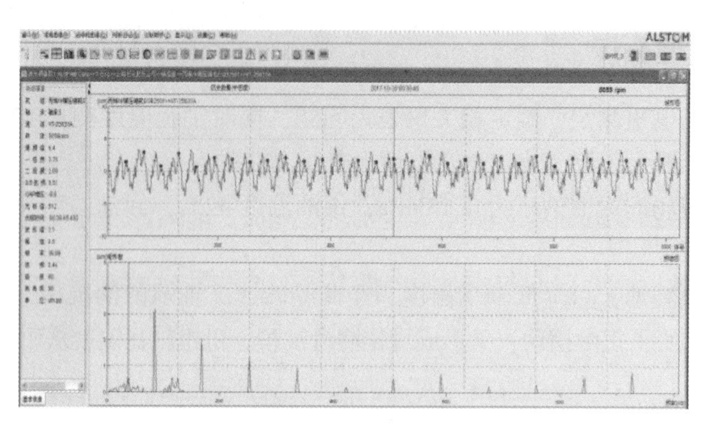

图 6-4　轴振动频谱

散热，造成非轴瓦机械损伤；润滑油在使用过程中，遇到高温、水分、杂质和金属颗粒等有害物质会进一步加快油品氧化，进而产生脂、醇等各类氧化物。在机组运行过程中，润滑油长期处于相对密封环境中，润滑油的氧化反应将会加剧，慢慢聚合产生一种高分子聚合物，俗称漆膜。假如油品黏度过低，主推力瓦(副推力瓦)和推力盘、轴瓦与轴之间形成的油膜厚度不足，油品中携带的有害杂质颗粒物和瓦块上高分子聚合物的结焦物质的厚度大于油膜最小厚度时，此结焦物在流经油膜最小厚度区域时，就造成金属间相互接触，引起瓦块不断产生额外热量，进而轴承产生磨损直至不能工作。

四、故障原因分析

1. 直接原因

轴瓦表面逐步形成的积炭、漆膜，影响了轴瓦的润滑和散热，导致瓦温升高，并发生波动。

2. 间接原因

润滑油品质不稳定。

3. 根原因

装置长周期运行对压缩机提出更高需求，未能安排对压缩机及时检修。

五、故障处理措施

（1）使用摩圣摩擦表面再生剂，减少漆膜的形成。

（2）油箱加装漆膜滤油机运行。

六、管理提升措施

夯实润滑油油品品质管理制度，每月进行一次润滑油油品分析，尤其关注 MPC、水分、清洁度。委托行业内第三方分析检测，查找润滑油品质上对轴瓦温度波动的影响因素，并制定预防整改措施。

七、实施效果

2018年3月8日13时3分~13时25分，加注作业开始，8L/h；13时25分~13时55分，12L/h；13时55分~15时，17L/h；加注中需不停搅拌摩圣母液。ETI25631温度从98.5℃下降到92℃左右，见图6-5，期间油过滤器压差升高。实施期间：EFD25011A更换滤芯一个，较脏，上面有软油泥附着物，怀疑为摩圣滤出物。切换到S后过滤器压差上升速率变缓。

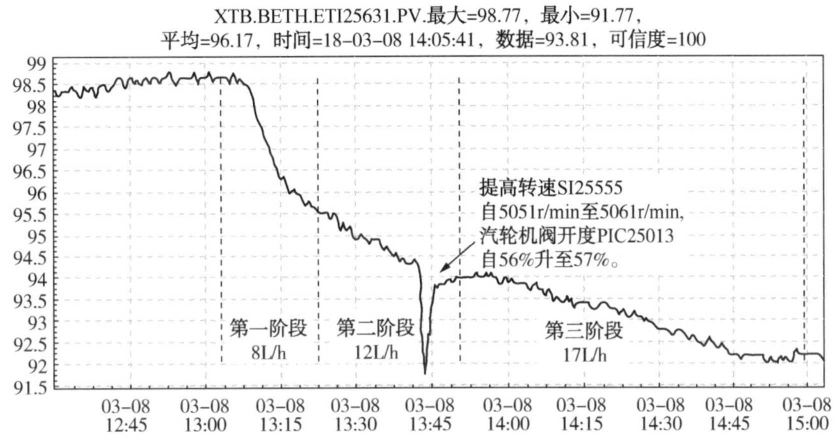

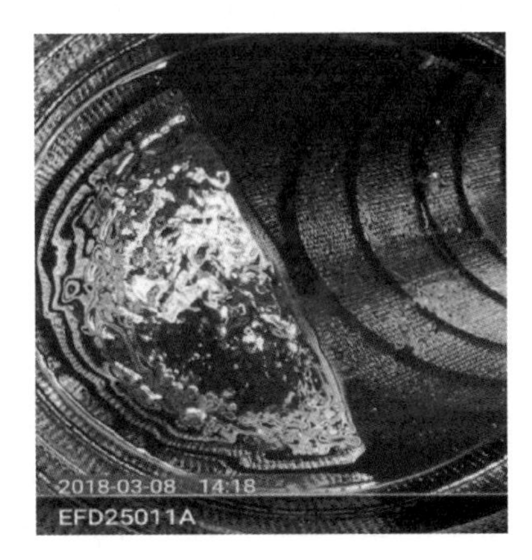

XTB.3ETH.PDI25863.PV.最大=81.84，最小=13.37，
平均=35.33，时间=18-03-08 14:20:09，数据=15.85，可信度=100

图6-5 实施效果

随着乙烯装置的长周期运行，不少压缩机组在运行周期后期出现轴承振动增大、温度升高等缺陷，给乙烯装置长周期稳定运行带来较大隐患。使用摩圣修复剂和润滑油进行体外循环(滤油机)除去漆膜，提高润滑油品质，可以有效降低轴承温度，延长使用寿命。

案例七

烯烃装置乙烯压缩机速关阀电磁阀线圈坏联锁停机故障案例

一、故障概述

烯烃装置乙烯压缩机 GB-2601 出口流量低低联锁停机，造成装置停工。

二、故障过程

1. 停工经过

2015 年 6 月 27 日 6 时 16 分，当班操作人员发现乙烯冷媒压缩机 GB-2601 出口流量低报警灯亮，505E 调速器 XA-26500G 报警灯亮，GB-2601 出口流量低低联锁跳停。6 时 28 分，新区乙烯产品停止产出。仪表专业人员接值班长电话后迅速赶到装置控制室仪表机房搜索收集事件记录 SOE，在 6 时 16 分 10 秒出现速关阀开，信号断开报警（ZSO_26552/26553），6 时 16 分 11 秒，GB-2601 调速控制器（505E）跳闸信号去 ESD，GB-2601 停车。

GB-2601 停车后，丙烯冷媒系统大幅波动，操作未及时跟上，导致丙烯冷媒压缩机 GB-2501 一段吸入罐 FA-2560 和三段吸入罐 FA-2580 液位迅速上升，6 时 42 分，GB-2501 联锁停车。

2. 操作处理

在 GB-2601 开车时发现现场油路启动油压无法建立，速关油压也建立不起，505E 跳闸故障信号不能消除，后仪表人员检查透平油路控制组件两个电磁阀 UY-26580、UY-26581，发现 UY-26580 正常，UY-26581 失电不正常。脱开线路测量电磁阀线圈电阻 UY-26580 为 220Ω，UY-26581 为 5Ω。对控制室机柜内 UY-26581 输出 DC24V 保险丝进行检查，发现已熔断，更换保险丝，连接电磁阀信号线，合上保险丝，保险丝马上熔断，因此判断为现场电磁阀线圈已短路。联系杭汽紧急配送速关油电磁阀备件，13 时 45 分，汽配件到现场，对备件进行检测，线圈电阻为 5MΩ，两根信号线分别对外壳测量电阻均为无穷大，更换后电磁阀工作正常。

3. 开工过程

6 月 27 日 7 时 55 分，丙烯冷媒压缩机 GB-2501 开启，碳二加氢反应器 DC-2260 调整，甲烷化反应器 DC-2390 氮气升温；14 时 48 分，电磁阀 UY-26581 更换完成后开启乙烯冷媒压缩机 GB-2601，冷箱系统调整；16 时 29 分膨胀机 GB-2300 开车；17 时 48 分，甲烷化反应器 DC-2390 开车；20 时 32 分，乙烯产品分析合格。

三、故障机理分析

电磁阀线圈损坏。

四、故障原因分析

1. 直接原因

WOODWARD 505E 调速器接收到速关阀油压 PS26503 压力低低联锁信号，发出压缩机跳闸信号，联锁停车。

2. 间接原因

电磁阀 UY-26581 线圈损坏失电，造成电磁阀关闭，引起油路释放，速关阀油压无，压力开关 PS26503 动作。

3. 根原因

电磁阀超期使用。该电磁阀 UY-26581 投用于 2002 年，根据《中国石化炼化企业仪控预防性工作策略(2022 版)》，关键回路电磁阀推荐寿命为 10 年，超期使用设备可靠性大幅降低。另外，电磁阀 UY-26581 长期处于带电励磁发热状态，且近阶段气温升高，加快了电磁阀里面线圈绝缘层老化，造成线圈短路，引起回路电流增大，熔断保险丝(容量：1A)被烧，电磁阀失电。

五、故障处理措施

(1) 对其他同类型电磁阀进行预防性检查，用红外测温仪检查、跟踪、比对，判断电磁阀工作温度是否异常。

(2) 委托专业机构对装置内关键仪表设备生命周期进行评估，在装置停工检修时，对关键仪表设备进行有选择的更换。

(3) 本次新更换电磁阀阻值(5MΩ)与目前使用另一台 UY-26580(220Ω)偏差较大，需联系制造商确认 UY-26580 电磁阀是否正常。并要求制造商提供设备可靠性分析，为产品选型提供依据。

六、管理提升措施

(1) 对关键仪表设备备件进行梳理，做好备件储备工作。

(2) 做好重要故障应急预案。

(3) 加强操作人员培训，重新修订 GB-2601 停车处理应急预案。

七、实施效果

机组运行正常，未发生类似故障。

一、故障概述

2016 年 1 月 26 日，新区冷区断料，烯烃装置丙烯压缩机 GB－2501 一段吸入压力 PIC25013 由正常 37.9kPa 下降至 5.5kPa。12 时 38 分 GB-2501 机组超速保护启动，压缩机停机。

二、故障过程

2016 年 1 月 26 日 12 时 34 分左右，2#烯烃新区压缩内操发现新区碳二加氢反应器 DC2260 进口压力 PI22066 由 3.41MPa 降低至 3.28MPa，且继续下降，压缩进冷区流量 FI22053 已降低至 0t/h(正常 80t/h 左右)。当班人员判断为 DC2260 放火炬阀门 XV22026 失灵打开，立即通知外操到现场 18m 平台阀门处确认，检查发现该电磁阀复位杆下落(判断为上方冰块掉落所致)，阀门打开，外操随即手动关闭 XV22026 前切断阀。

新区冷区断料，GB-2501 一段吸入压力 PIC25013 由正常 37.9kPa 下降至 5.5kPa。在处理过程中，压缩机低压侧振动 VI25631A 由 9.6μm 瞬间上升至 15.88μm，高压侧振动由 7.0μm 瞬间上升至 20.08μm，12 时 38 分 GB-2501 机组超速保护启动，压缩机停机。

仪表人员现场检查，确认电磁阀 XV22026 复位杆下落，阀门打开，在确认 XV22026 阀门正常后，将该阀门复位，13 时 35 分 GB-2501 压缩机重新开启。

三、故障机理分析

无。

四、故障原因分析

1. 直接原因

GB-2501 机组超速保护启动，压缩机停车。

2. 间接原因

(1) 气温骤降，西区现场结冰，平台上钢结构上的冰凌坠落碰到电磁阀手柄，阀门失气(气关阀)打开造成冷区断料。

(2) 冷区断料后，GB-2501 用户蒸发量骤减，返回阀虽自动打开，但压缩机吸入流量仍大幅降低。此外，GB－2501 从满负荷快速降至低负荷，压缩机转速从 5215r/min 升至

5400r/min 左右，达到高转速区。压缩机高转速、低流量引发压缩机喘振，转速波动造成 GB-2501 机组瞬时超速，汽轮机超速保护启动，压缩机停车。

3. 根原因

（1）防冻防凝工作不到位。对高空结有冰凌情况未及时处理，对重要设备阀门未采取遮挡措施。

（2）GB-2501 防喘振系统设计不完善。压缩机喘振不仅与流量有关，也与压缩比等参数相关。目前 GB-2501 仅靠 4 个单回路控制防喘振返回阀进行流量调节，当负荷快速降低时，吸入压力和吸入流量都会迅速下降，此时返回阀虽然自动控制打开，但在流量恢复、吸入压力还未恢复正常时，返回阀便不再继续开大，否则易造成压缩机喘振。

（3）岗位操作人员对压缩机发生负荷波动等突发事件的处理经验和能力不足，对压缩机喘振原理不熟悉，反映出装置在培训工作上存在缺陷。

五、故障处理措施

（1）总结历次防冻防凝工作的经验和教训，冬季时对高空结有冰凌情况及时处理，对重要设备阀门提前采取遮挡措施。

（2）对机组调速系统改造进行研究，引入压缩机综合控制系统（ITCC），便于操作和故障分析。

（3）完善压缩机防喘振操作步骤。组织岗位人员，对压缩机喘振原理、操作以及相关应急预案进行专项培训。

六、管理提升措施

（1）对同类型事故阀的电磁阀手柄安装位置进行安全评估，并制定整改方案。

（2）举一反三做好在极端气候条件下电磁阀隐患排查，对现场同类型电磁阀安装防护罩。

（3）做好重要故障应急预案。

七、实施效果

机组运行正常，未发生类似故障。

案例九

乙二醇装置循环气压缩机电机轴振动高高联锁停机故障案例

一、故障概述

机组在无任何异常征兆的前提下突然停机。查 SOE 记录为压缩机电机输出端轴振动高高联锁 VAHH1101(公共报警)动作，引起 C-115 和 OMS 停车。

二、故障过程

2013 年 7 月 2 日 18 时 40 分，机组在无任何异常征兆的前提下突然停机。机组联锁停车后，检查压缩机各轴承温度、油温、干气密封系统均正常，工艺操作也正常；仪表工程师检查乙二醇装置 SIS 系统的 SOE 记录，显示在 18：40：00：740 时刻 C-115 循环气压缩机电机侧振动 VSHH1105 联锁动作，停 OMS 和 C-115。见图 9-1。

SEQUENCE OF EVENTS LIST

DATE	TIME	ALIAS	TAGNAME	STATE	NODE	BLOCK	GROUP1	GROUP2	DESCRIPTION
07/02/2013	15:45:52.529	10421	dLSL864	TRUE	01 - trinode1	01 - soe_block_1			LO LEVEL F-990
07/02/2013	15:46:27.930	10422	dLSH864	FALSE	01 - trinode1	01 - soe_block_1			HI LEVEL F-990
07/02/2013	15:46:27.930	12617	soe_KR29	TRUE	01 - trinode1	01 - soe_block_1			G990 START
07/02/2013	17:46:17.307	12008	fISH403_LL	TRUE	01 - trinode1	01 - soe_block_1			中压蒸汽(E-410)流量FV403<4低低报
07/02/2013	18:29:59.830	10422	dLSH864	TRUE	01 - trinode1	01 - soe_block_1			HI LEVEL F-990
07/02/2013	18:40:00.740	10149	dVSHH1105	FALSE	01 - trinode1	01 - soe_block_1			HI-HI COMPR VIBRATI
07/02/2013	18:40:00.740	12509	soe_C115STOPKR4	FALSE	01 - trinode1	01 - soe_block_1			C115 SHUTDOWN
07/02/2013	18:40:00.800	12480	soe_C115	FALSE	01 - trinode1	01 - soe_block_1			C115 READY LAMP
07/02/2013	18:40:00.800	12481	soe_FY164A	TRUE	01 - trinode1	01 - soe_block_1			EO
07/02/2013	18:40:00.800	12530	soe_C116READY	FALSE	01 - trinode1	01 - soe_block_1			C116 READY
07/02/2013	18:40:00.860	12479	soe_HS102	TRUE	01 - trinode1	01 - soe_block_1			LARGE SPARGRE
07/02/2013	18:40:00.860	12453	soe_HS101A	TRUE	01 - trinode1	01 - soe_block_1			OMS START
07/02/2013	18:40:00.860	12454	soe_FY127	FALSE	01 - trinode1	01 - soe_block_1			EO
07/02/2013	18:40:00.860	12456	soe_HS101B	FALSE	01 - trinode1	01 - soe_block_1			OMS READY
07/02/2013	18:40:00.860	12459	soe_FY129	FALSE	01 - trinode1	01 - soe_block_1			EC
07/02/2013	18:40:00.860	12464	soe_FY126	FALSE	01 - trinode1	01 - soe_block_1			EO
07/02/2013	18:40:00.860	12465	soe_FY122	FALSE	01 - trinode1	01 - soe_block_1			EC
07/02/2013	18:40:00.860	12466	soe_FY119C	FALSE	01 - trinode1	01 - soe_block_1			ETC

停车时刻

图 9-1 停车时刻 SOE 记录

在控制室检查振动检测显示仪表，VSHH1105 异常等闪烁，按下 GAP 键，发现 VSHH1105X 间隙电压为超限值-16V(VSHH1105Y 间隙电压为正常值-9.4V)，现场检查接线箱，用万用表在前置放大器端量取间隙电压，VSHH1105X/Y 分别为-16.8V 和-9.4V。将探头交叉互换，间隙电压分别为-18.7V 和-7.8V，检查接线和探头均为紧固，由此判断为前置放大器故障。

三、故障机理分析

1. 机械方面

联锁停机后，压缩机、电机各轴承温度、油温、干气密封系统经检查均正常，排除机械故障。

2. 仪表方面

现场检查接线箱，用万用表在前置放大器端量取间隙电压，VSHH1105X/Y 分别为 -16.8V 和-9.4V。将探头交叉互换，间隙电压分别为-18.7V 和-7.8V。C-115 振动位移检测仪表为日本新川公司生产，乙二醇装置使用的型号为 3F2 系列，在 1992 年已经停产。

因压缩机已经运转，仪表组装了一套经 TK3 校验为合格的延长线和探头，做以下测试：

(1) 拆下 VSHH1105X 探头侧延长线过渡接口，连接到一个测试过的探头上，用 TK3 校验探头，前置放大器无反应。

(2) 更换延长线连接到使用中的探头上，测量前置放大器电压，为-18.18V。

图 9-2 为探头静态特性曲线图，由此判断 VSHH1105X 延长线和探头均存在故障。

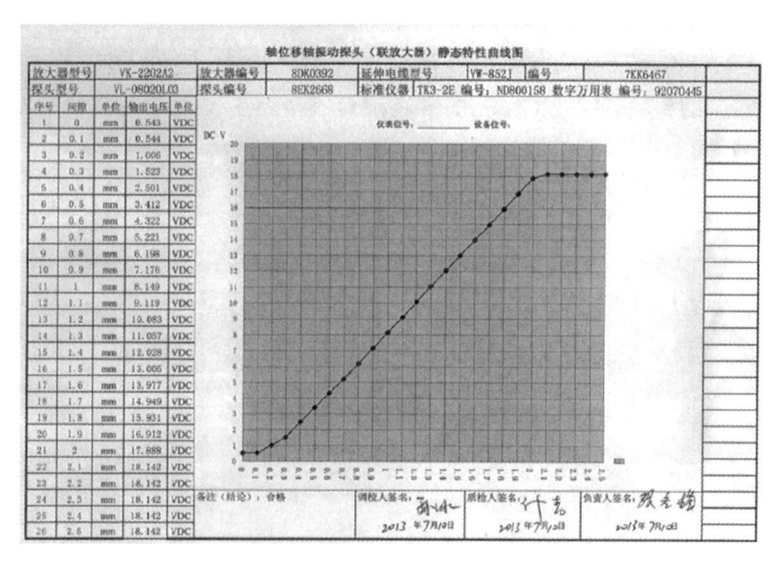

轴位移轴振动探头（联放大器）静态特性曲线图

放大器型号	VK-2202A2	放大器编号	8DK0392	延伸电缆型号	VW-852J	编号	7KK6467
探头型号	VL-08020L03	探头编号	8EK2668	标准仪器	TK3-2E 编号：ND800158 数字万用表 编号：92070445		

序号	间隙	单位	输出电压	单位
1	0	mm	0.543	VDC
2	0.1	mm	0.544	VDC
3	0.2	mm	1.006	VDC
4	0.3	mm	1.523	VDC
5	0.4	mm	2.501	VDC
6	0.5	mm	3.412	VDC
7	0.6	mm	4.322	VDC
8	0.7	mm	5.221	VDC
9	0.8	mm	6.198	VDC
10	0.9	mm	7.176	VDC
11	1	mm	8.149	VDC
12	1.1	mm	9.119	VDC
13	1.2	mm	10.083	VDC
14	1.3	mm	11.057	VDC
15	1.4	mm	12.028	VDC
16	1.5	mm	13.005	VDC
17	1.6	mm	13.977	VDC
18	1.7	mm	14.949	VDC
19	1.8	mm	15.931	VDC
20	1.9	mm	16.912	VDC
21	2	mm	17.888	VDC
22	2.1	mm	18.142	VDC
23	2.2	mm	18.142	VDC
24	2.3	mm	18.142	VDC
25	2.4	mm	18.142	VDC
26	2.5	mm	18.142	VDC

仪表位号：________ 设备位号：

备注（结论）：合格

调校人签名：2013 年7月10日　质检人签名：2013 年7月10日　负责人签名：2013年7月10日

图 9-2　探头静态特性曲线图

四、故障原因分析

1. 直接原因

C-115 压缩机电机输出轴振动高高联锁 VAHH1101 动作，引起 C-115 和 OMS 停车。

2. 间接原因

C-115、VSHH1105X 延长线和探头存在故障，造成信号失真。

3. 根原因

机组仪表已使用 23 年未进行更换，仪表预防性维护策略执行不到位。

五、故障处理措施

(1) 进行联锁变更，摘除 VSHH1105 联锁。装置和运保人员每日对机组的各项运行参数进行记录，每周使用 HY106C 手持式状态检测仪对机组进行状态检测分析，每月对机组的轴承等部件进行状态综合检测，同时出具报告；此外还利用S8000在线状态监测系统，实时监测轴振动的变化趋势。

（2）做好备件(一套5m的延长线、前置放大器、探头)采购，合理安排时间更换。

（3）做好轴振动、位移监测设施更换方案，包括延长线、前置放大器、探头、安全栅、二次显示仪表。在检修消缺中全部更新。

六、管理提升措施

（1）优化《仪表专业预防性维护策略》，开展类似监测系统的预防性维护工作。

（2）梳理其他超年限使用的仪表，并按要求整改。

七、实施效果

在消缺检修中，将该机组的延长线、前置放大器、探头、安全栅、二次显示仪表等进行了更换，严格按照仪表专业预防性维护策略进行，该机组运行正常，未出现类似故障。

案例十
乙烯装置裂解气压缩机组高压缸油膜涡动故障案例

一、故障概述

×××烯烃部 2#烯烃老区 40×10^4t/a 乙烯装置裂解气压缩机组 E-GB-201 由日本三菱公司制造，型号为 9H-4C/7H-3/7H-7C，由抽汽冷凝式汽轮机驱动，见图 10-1(a)和图 10-1(b)。1998 年老区装置由 30×10^4t/a 改造为 40×10^4t/a，机组更换壳体和转子。机组由低、中、高三个缸组成。径向轴承型式为滑动可倾瓦，止推轴承型式为米契尔式。密封型式为浮环密封。

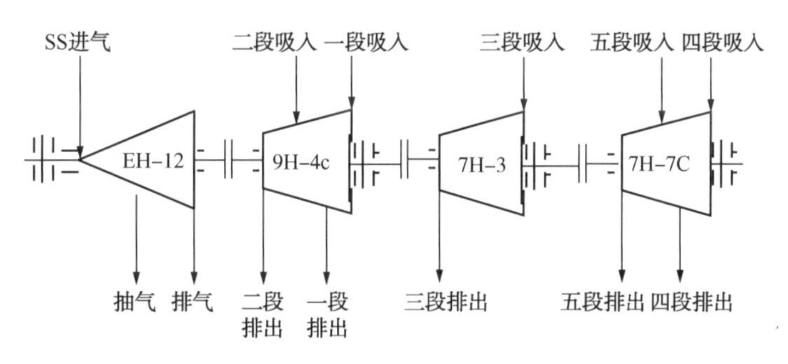

(a)E-GB-201 概貌

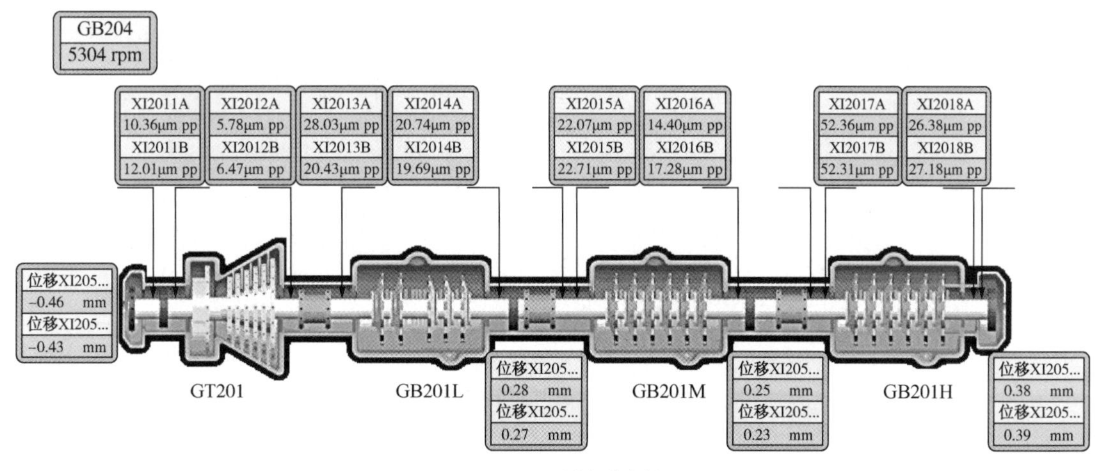

(b)E-GB-201 测点分布情况

图 10-1　裂解气压缩机组 E-GB-201

在裂解气压缩机进行氮气工况运转时，高压缸非联轴器侧轴振动突变。

二、故障过程

2021 年 5 月 24 日，烯烃部裂解气压缩机进行氮气运转，在 2800r/min 升至 5000r/min 过程中，出现振动异常，高压缸非联轴器侧测点 XI2017A/B 振动幅值由 21.9μm/15.6μm 突变至 65.1μm/57.4μm，联轴器侧测点 XI2017A/B 振动幅值由 54.7μm/54.2μm 突变至 65.9μm/67.6μm(该测点在机组低速盘车状态下，最大值为 30μm)，设备人员决定立即停车处理。见图 10-2。

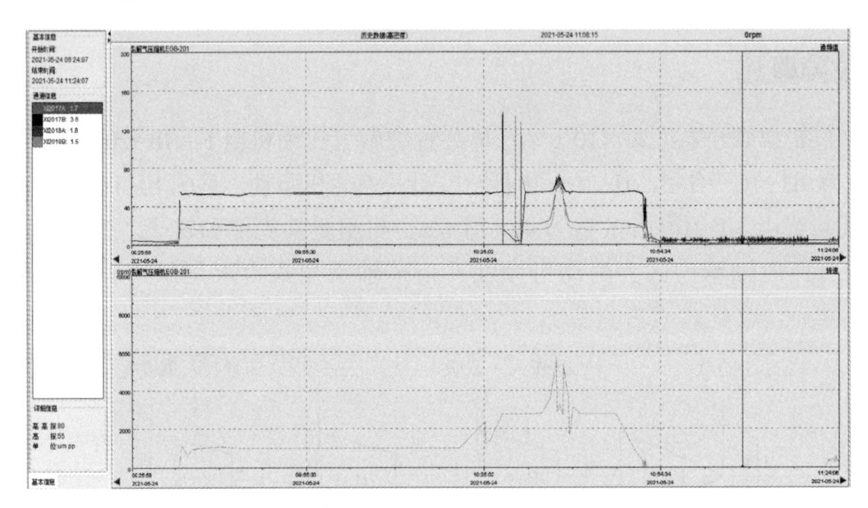

图 10-2 5 月 24 日 E-GB-201 测点振动趋势图

经停车检查后，发现非驱动端转子表面存在缺陷，造成轴瓦油膜异常，引发油膜涡动。经解体对轴径进行处理，5 月 25 日高压缸回装，重启机组运行，轴瓦振动参数平稳良好。见图 10-3。

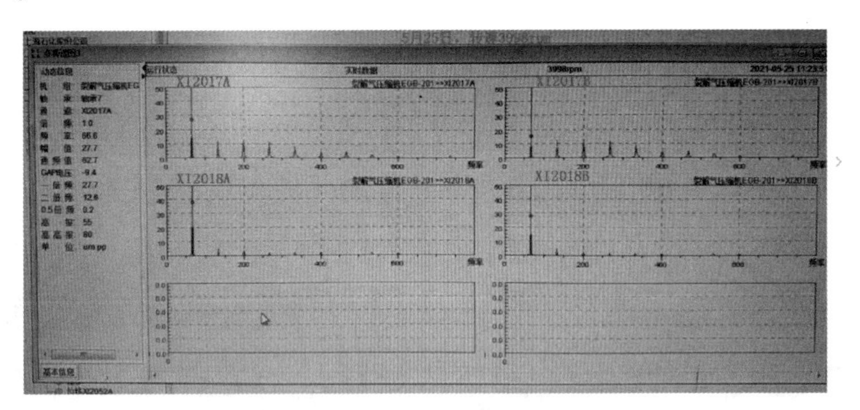

图 10-3 第二次氮气运转波形频谱图

三、故障机理分析

从高压缸测点的振动趋势及波形频谱图分析，在 2800r/min 运行期间振动以工频分量为主，但已出现了 0.5 倍频，且轴心轨迹呈现双环椭圆的特征，怀疑该段时间油膜已存在问题，在2800r/min升至5000r/min过程中，振动幅值剧增，期间0.5倍频分量幅值大大超过工频分量，成为主要频率成分，轴心轨迹呈现双环椭圆的特征，该转子的一阶临界转速为3400r/min，升速未达到2倍临界转速，排除油膜震荡的可能，在该段时间发生了较为严重的油膜涡动。见图10-4。

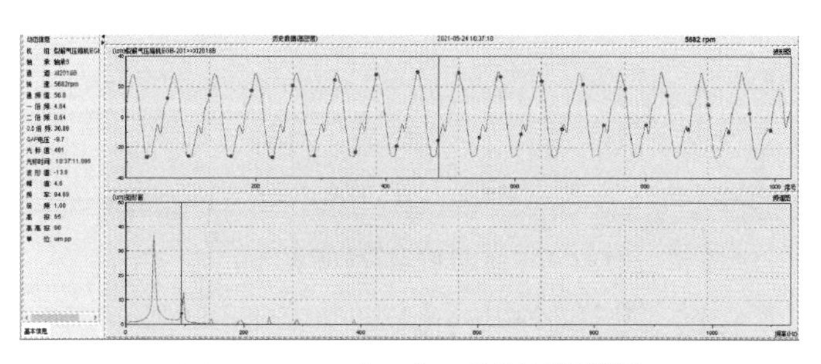

(a)XI2018B 10时37分10秒的波形频谱图

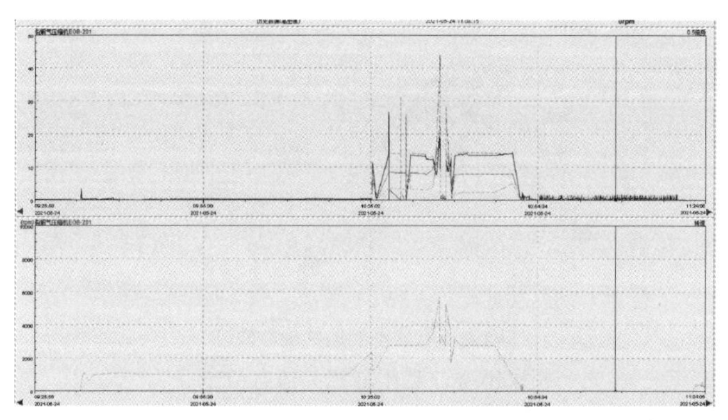

(b)5月24日高压缸测点振动趋势图

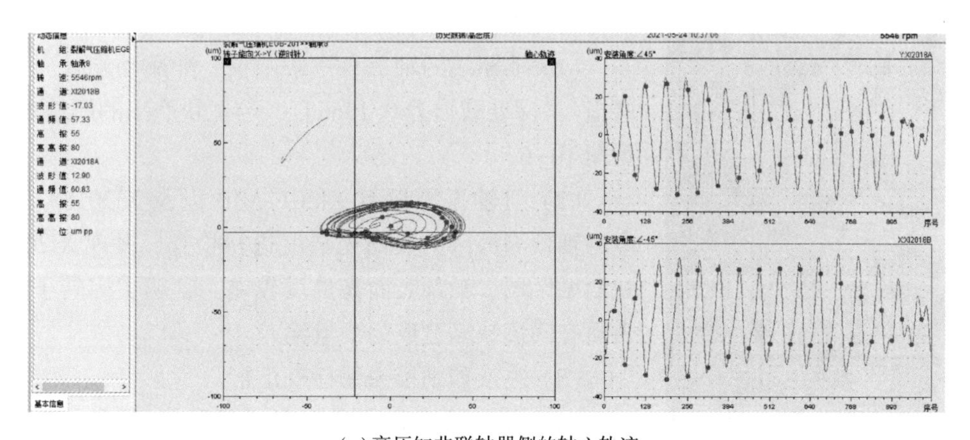

(c)高压缸非联轴器侧的轴心轨迹

图10-4 高压缸相关信息(一)

从高压缸联轴器测点(XI2017)的振动趋势及波形频谱分析，在不同转速下，振动幅值变化很小，且轴心轨迹图中尖角角度与探头安装夹角一致，为90°，说明转子测振带表面有凹痕缺陷。见图10-5。

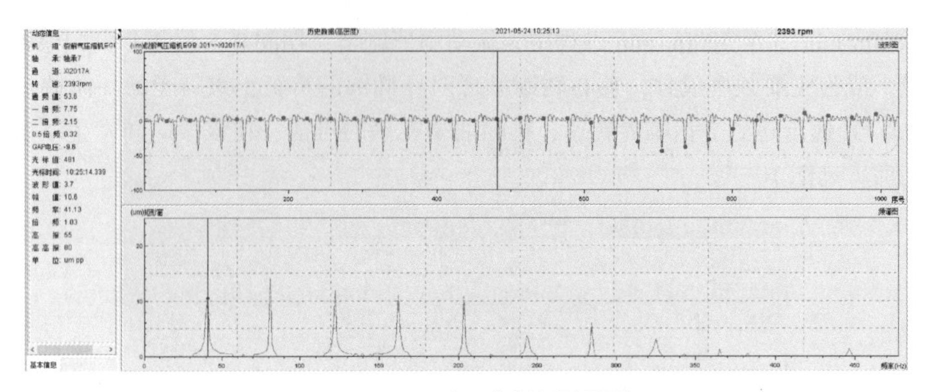

(a) XI2017A 10 时 24 分的波形频谱图

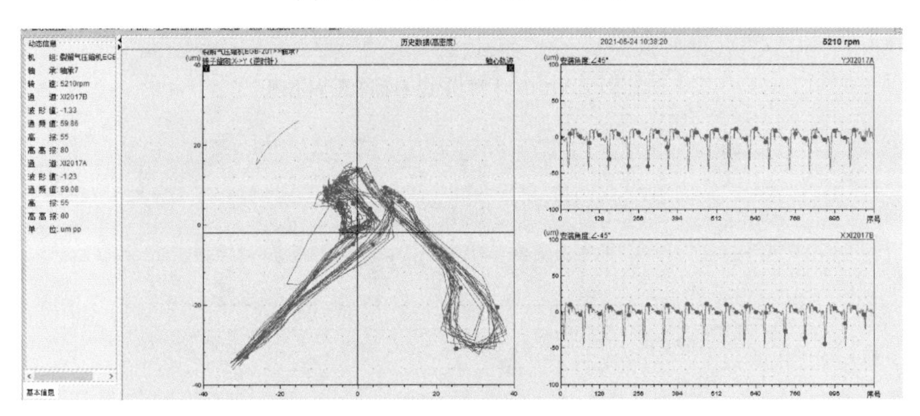

(b) 高压缸联轴器侧的轴心轨迹

图 10-5 高压缸相关信息(二)

图 10-6 非驱端轴上的凸痕

在诊断分析后，连夜组织检维修单位对高压缸两端的轴瓦进行检查，检查结果如下：

(1) 非驱端的轴上有一条凸痕，非驱动端径向瓦存在磨损(最深处磨损为 0. 13mm)，与瓦块磨出的凹槽相吻合。见图 10-6。

(2) 对轴振测量点 XI2017A/B 以及 XI2018A/B 所对应的轴颈测振区的表面光洁度进行检查，发现 XI2017A/B 在测振区域，轴颈表面光洁度较差。证明了因转子测振带表面有凹痕缺陷造成的测量偏差。

(3) 主推和副推力瓦检查正常。

(4) 对轴瓦间隙进行检查，间隙(0. 21mm)正常，标准范围为 0. 17~0. 23mm。

(5) 对机组对中进行检查，对中无问题。

经确认，造成高压缸发生油膜涡动的原因是：非驱动端转子表面存在缺陷(凸痕)，影响了部分区域的轴与轴瓦间隙，油膜形成不均匀，使轴颈中心偏离轴承中心，最后造成了油膜涡动。

四、故障原因分析

1. 直接原因

高压缸非联轴器侧测点 XI2017A/B 振动幅由 21.9μm/15.6μm 突变至 65.1μm/57.4μm。

2. 间接原因

非驱端的轴上有一条凸痕，非驱动端径向瓦存在磨损(最深处磨损为 0.13mm)，造成油膜涡动。

3. 根原因

检修检查不到位。检修人员及设备管理人员在转子安装时未对转子轴径进行详细检查。

五、故障处理措施

(1) 对转子表面用油石打磨，再用羊毛毡配绿油进一步打磨抛光处理，消除非驱端轴上的凸痕缺陷。

(2) 增加高压缸两端轴瓦的进油孔数量(图 10-7)，封堵高压缸非驱动端的轴承座两个润滑油回油孔其中一个，通过增大轴承进油量，并减小轴承漏油量确保油膜建立均匀稳定，避免在升速过程中发生油膜涡动。

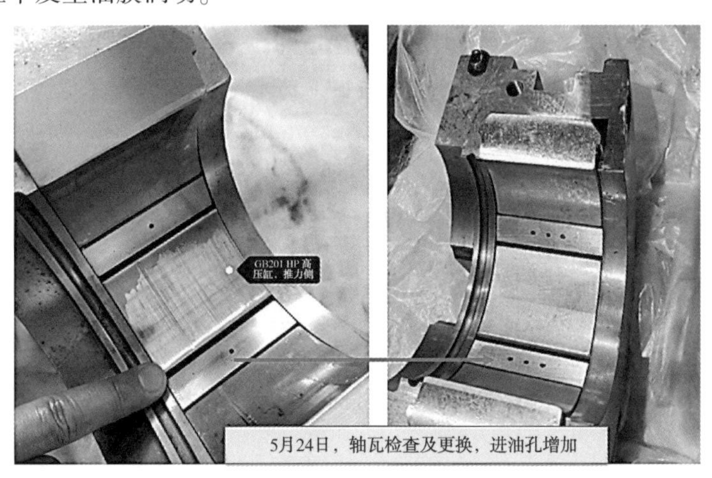

图 10-7 增加高压缸两端轴瓦的进油孔数量

六、管理提升措施

加强转子存放及检修外送时的管理，转子运输过程中及存放时必须采用定制的周转箱存放，轴颈与周转箱支撑接触面必须做巴氏合金轴瓦，光滑过渡，并涂抹润滑油保护。

七、实施效果

经过如上处理方案后，5 月 25 日高压缸回装，机组投入运行，振动频谱以 1×频率为主，没有 0.5×频率特征，各振动参数平稳良好，氮气运转顺利结束，机组正常投入开机后振动良好。

案例十一 重整装置增压机轴位移高高联锁停机故障案例

一、故障概述

2016 年 3 月 19 日 15 时，3#重整 K-3202-3 推力瓦温度升至 101℃，轴位移高高联锁停机。

二、故障过程

2016 年 3 月 18 日，K-3202-1 油冷器封头润滑油大量喷出，触发 K-3202-1 油压低低联锁。K-3202-3 降转速运行，转速由 8000r/min 降至 4500r/min 左右。

3 月 19 日下午 15 时，K-3202-1 重新开机后，在调整压缩机操作进行氢气并网的过程中，由于 4#PSA 入口阀门打开过快，引起 K-3202-3 压缩机出口压力波动较大，压缩机轴位移由 0.19mm 升至 1.0mm 联锁停机。见图 11-1。

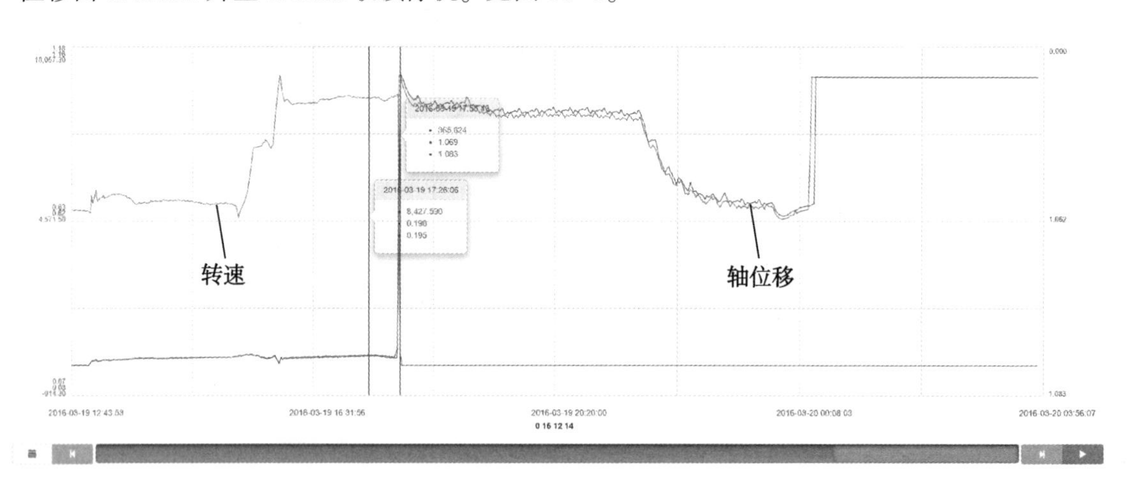

图 11-1　停机时转速和轴位移趋势图

三、故障机理分析

由于工艺波动造成增压机转子轴向力变化，轴位移加大。三台重整氢气增压机为串联结构，位号为 K-3202-1/2/3，氢气依次经过三台压缩机增压后并入管网。事故发生时，氢气并入管网的阀门打开过快(3min 开度从 0 升至 100%)，导致 K-3202-3 压缩机流量和出口压力波动较大，造成压缩机转子推力过大。见图 11-2、图 11-3。

综合分析，由于管网出口压力的剧烈波动形成较大轴向推力，造成压缩机轴位移增大至高高联锁停机。

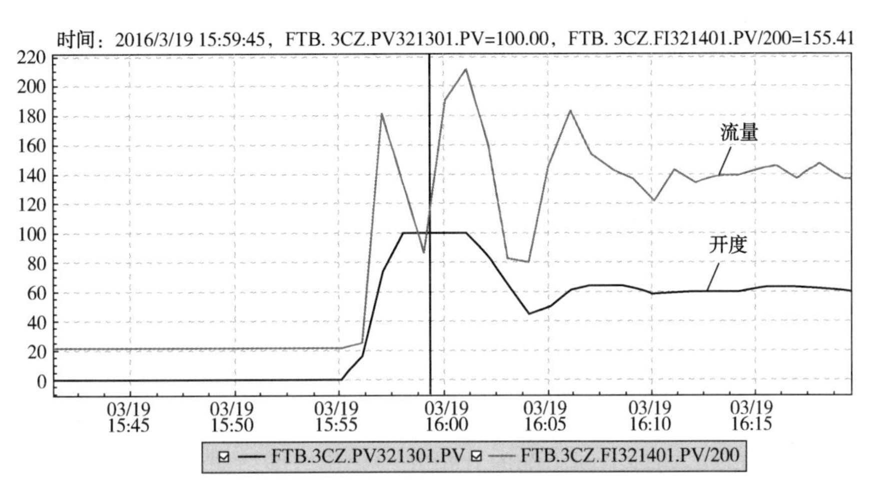

图 11-2 氢气并网时阀门开度与氢气流量

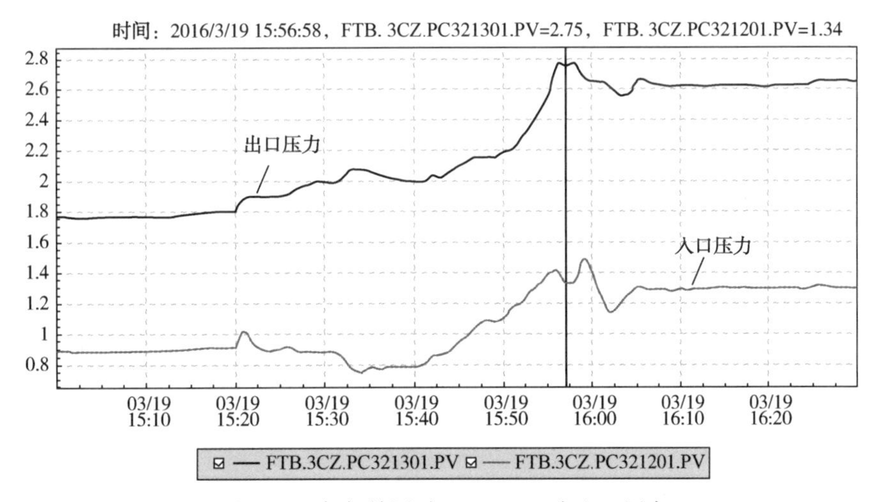

图 11-3 氢气并网时 K-3202-3 出入口压力

四、故障原因分析

1. 直接原因

压缩机轴位移高高联锁。

2. 间接原因

管网出口压力的剧烈波动形成较大的轴向推力，进而造成轴瓦的损伤，并加速振动反应，使轴位移增大而联锁停机。

3. 根原因

在工艺操作上对工艺波动可能对机组造成的影响认识不够。

五、故障处理措施

(1) 修订操作规程，重整装置氢气并网前对边界条件进行确认，下游流程均畅通时再进行并网操作(氢气并网压力不大于2.65MPa)，避免产生剧烈波动。

(2) 对TRICONG设置的K-3202控制方案进行修改完善，实现标准化步骤下的自动并网操作。

(3) 调整K-3202油站的润滑油控制温度，达到32#汽轮机油的最佳工作温度(38~45℃)。

(4) 2018年压缩机机组润滑油更换为46#汽轮机油。

六、管理提升措施

(1) 将氢气并网过程与既定的应急预案或操作方案进行对比，从设备或工艺操作改进角度出发，优化和完善方案，充分考虑了3#重整正常运行时发生K-3202紧急停机以及伴随3#重整装置开车过程的两种不同工况的开机并网操作方案，通过对操作方案充分讨论进行固化。

(2) 编制本次停车案例，组织操作人员培训。

(3) 装置管理对工艺及设备管理人员提出了更高要求，生产工艺管理人员与设备管理人员要对彼此专业熟悉了解，工作中要加强沟通和交流。

七、实施效果

重新开车，工艺参数平稳，机组运行良好。

案例十二

PTA联合装置三线空压机一级轴振动波动故障案例

一、故障概述

某化工厂 PTA 联合装置三线空压机一级轴振动自 2021 年 7 月 26 日后多次产生异常波动现象，期间机组性能未受到影响，未影响装置正常生产。

二、故障过程

2021 年 7 月 26 日 5 时 27 分 8 秒，化工厂 PTA 联合装置三线空压机一级轴振动 VT-20914X 由 37μm 上升至 53μm，VT-20915X 由 19μm 上升至 23μm。见图 12-1、图 12-2。在 26 日 9 时 20 分、10 时 50 分、11 时 33 分出现多次波动。在波动过程中，VT-20914X 与 VT-20915X 表现出同步变化。

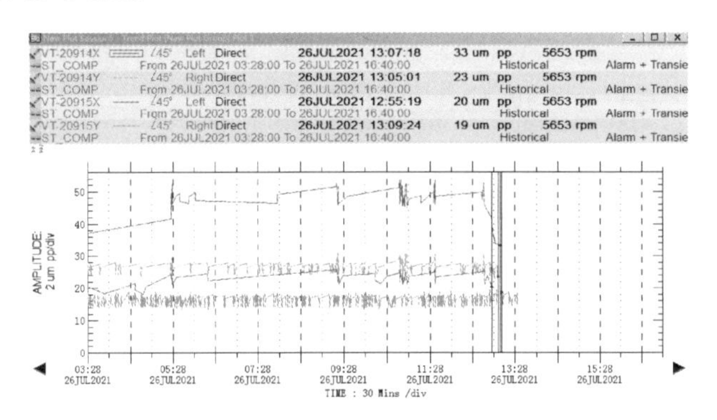

图 12-1　一、二级轴振趋势图

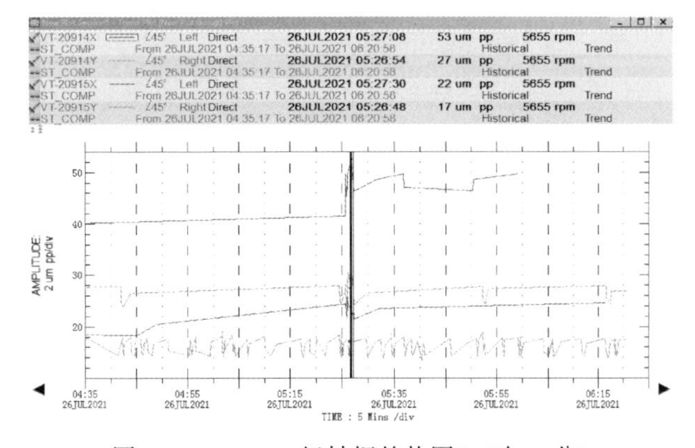

图 12-2　一、二级轴振趋势图(5 时 27 分)

7月26日13时7分左右空压机一级轴振动VT-20914X振幅回落至33μm。压缩机一、二级转子位移XT-20932A/B/C平稳(0.26mm/0.25mm/0.26mm)，瓦温平稳。压缩机入口导叶未出现异常波动。压缩机出口流量、压力，润滑油压力，油位等参数未发现变化。

三、故障机理分析

本次振动异常波动时，一级振动VT-20914X涨幅最为明显。查阅相关频谱图，空压机一级振动VT-20914X和二级振动VT-20915X以工频为主，并有少量低频谐波。见图12-3、图12-4。

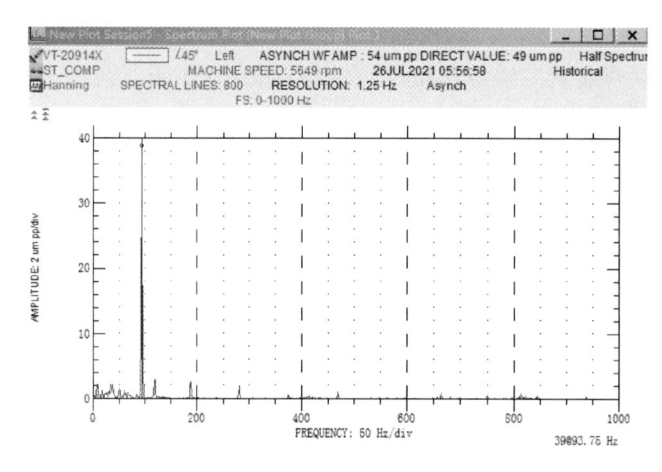

图12-3 VT-20914X频谱图

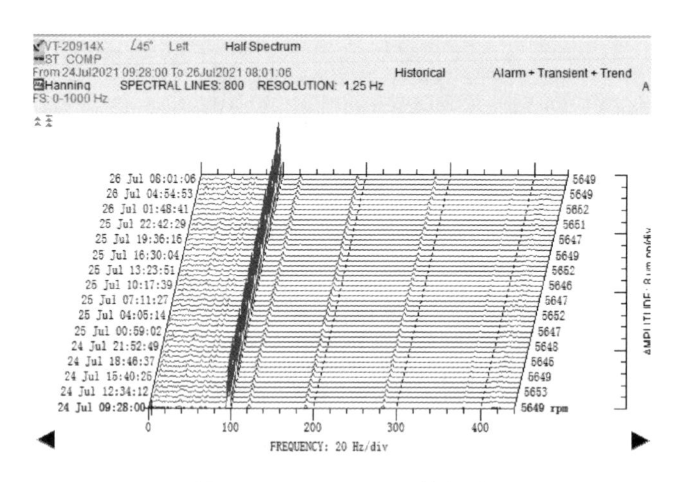

图12-4 VT-20914X瀑布图

空压机一级轴振动VT-20914X工频对应振动分量@93.75Hz由30μm上升至39μm。空压机二级振动VT-20915X工频对应振动分量@93.75Hz由11μm上升至15μm。总体表现为工频的上涨。见图12-5。

空压机一级转子相位角由202°上升为210°。一级转子轴心轨迹图为椭圆形状。见图12-6。

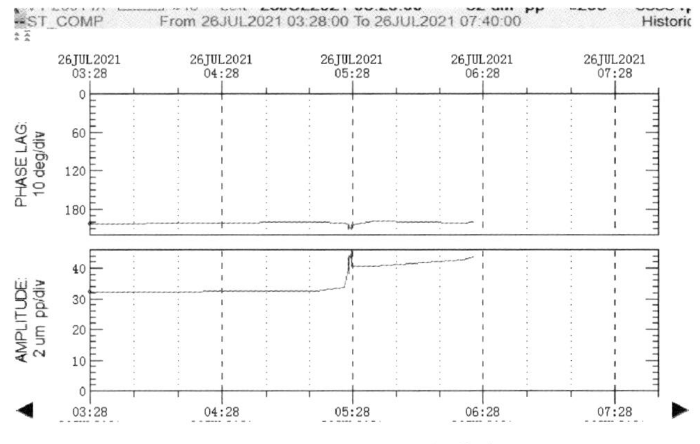

图 12-5　VT-20914 相位角

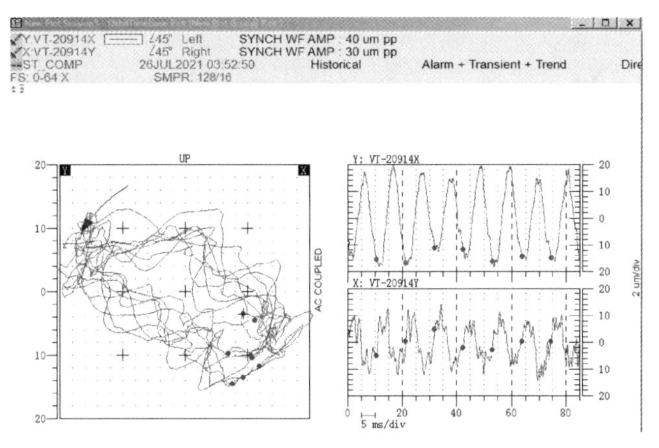

图 12-6　轴心轨迹图

空压机一级转子轴位移 XT-20932A/B/C 平稳，一、二级轴瓦瓦温平稳。见图 12-7、图 12-8。

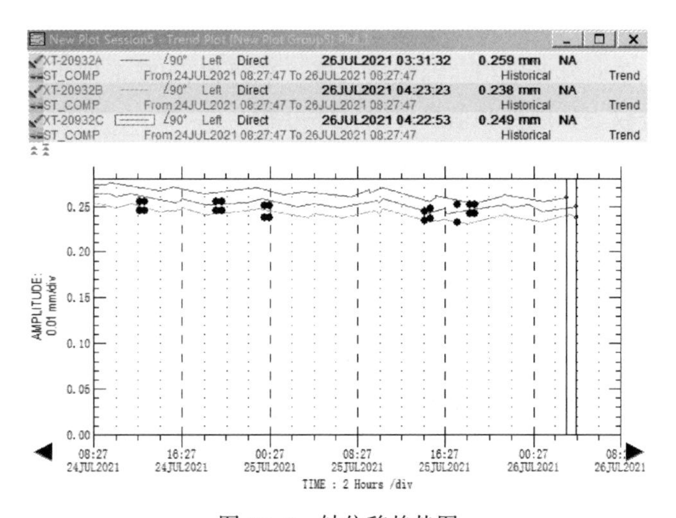

图 12-7　轴位移趋势图

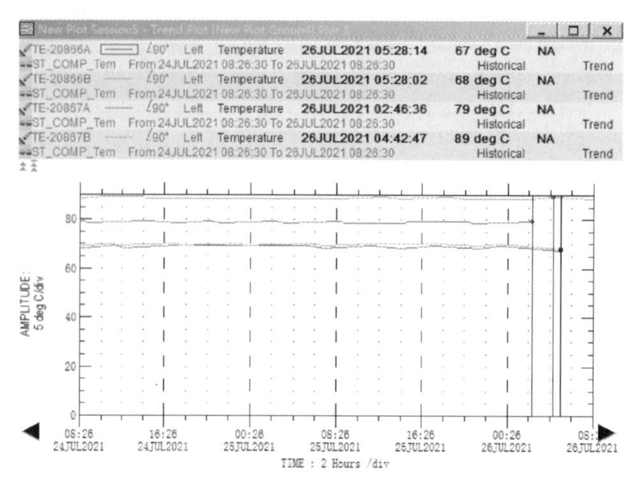

图 12-8 瓦温趋势图

四、故障原因分析

对相关参数进行频谱分析，并详细查看工艺参数及运行趋势。从工艺波动、仪表通信异常或干扰、转子机械碰摩、异物冲击、转子结垢等方面进行分析，认为本次振动参数异常有以下三种可能。

（1）转子叶轮表面可能出现结垢现象。结垢物脱落导致振动异常变化。

（2）转子与气封等静止部件产生了碰摩，导致了振动异常变化。

（3）另外，还存在仪表测量和通信异常或受到干扰的可能。

五、故障处理措施

（1）对压缩机组润滑油进行油样分析，同时检查油系统运行状态。

（2）对机组静电接地碳刷进行检查，视情况更换磨损的碳刷钻组件。对机组静电接地线接头进行脱脂处理，使静电接地线良好导电。

（3）仪表专业人员对延伸电缆、前置放大器、本特利 3500 卡件等可接触到的仪表硬件进行系统检查，检查仪表软硬件和信号传输完好可靠。

（4）保持工艺参数平稳运行，降低工艺操作对机组的影响。

（5）2022 年度停车大检修期间，对设备拆检发现的问题如气封梳齿变形、油封磨损、压缩腔存在油渍、蜗壳内存在水汽凝固结晶物等进行了相关处理。见图 12-9~图 12-11。

图 12-9 气封磨损

图 12-10　油封迷宫齿边缘有倒角

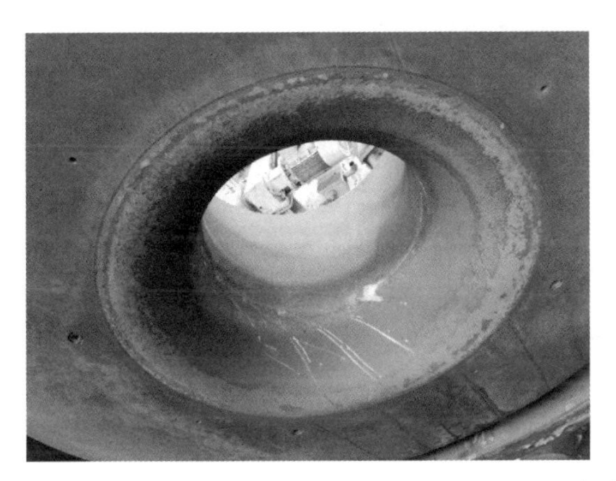

图 12-11　蜗壳污渍

六、管理提升措施

(1) 持续做好机组特护工作，装置大修开车后继续对压缩机一、二级振动进行跟踪，对压缩机一、二级振动参数进行重点监控。

(2) 进一步完善维修策略，对转子叶轮表面进行清洗和处理。控制安装相关间隙，加强过滤室压差监控，及时更换滤块提升过滤效果。

七、实施效果

经检修处理，机组投入运行正常。

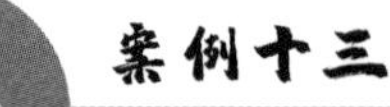

案例十三 PTA装置离心式膨胀机低压侧非驱动端轴承温度异常故障案例

一、故障概述

45×10^4t/a 的 PTA 装置建于 2004 年，后经扩容改造实际产能为 60×10^4t/a。该装置的空气压缩机组为“三合一”机组，其中凝汽式汽轮机为主驱动机，多轴齿轮式离心压缩机组为氧化反应器提供反应所需的压缩空气。膨胀机也是多轴齿轮式离心压缩机组，其主要作用是回收氧化反应器排出的尾气中的能量，推动压缩机做功，以降低蒸汽透平的蒸汽消耗。

2018 年，根据最新的环保要求，为保证膨胀机组做完功后的尾气排放合乎最新的排放指标，公司在膨胀机组前新增 VOC 去除单元，即氧化尾气必须先经过 VOC 单元处理后再进入膨胀机做功。2019 年 1 月 6 日改造完成，开车后发现膨胀机非叶轮侧轴承温度缓慢上升，至 2 月 11 日已升至 120℃(110℃报警，120℃高高报)，但其他所有的性能参数均正常，特别是该轴承处的振动值小于 10μm。为确保机组的安全运行，PTA 部向公司申请停机检查。

二、故障过程

经对膨胀机进行解体检查，齿轮啮合间隙、各部分轴承间隙(包括非叶轮侧轴承)均在标准范围内，但膨胀机低压缸非驱动端的轴承表面有漆膜现象。

因该润滑油于 2018 年更换，至今不到一年，为此，公司外委对机组润滑油进行分析，漆膜分析确认轴承表面附着物为早期漆膜，但所有分析结果均符合指标要求，为此，对设备系统开展了以下的排查工作：

(1) 围绕设备本体、进出口管道连接应力、油路系统疏通及查漏、温度探头的完好情况，为消除大家的疑虑，更换了膨胀机低压侧非驱动端的轴承(成套)。但开车一个月后，温度仍达到 110℃，随后振动及温度出现较大的波动，虽然在异常过程中，从工艺方面对膨胀机低压侧的流量、压力、温度进行了多次调试，以期接近改造前工况，但几乎没有任何效果。

(2) 再次系统性检查。为此，生产厂商到现场除对膨胀机各部件的装配间隙进行检查复核外，对壳体的支撑间隙也进行了检查，确认设备方面不存在任何问题。通过组织现场会诊，对列出的任务清单逐项落实，并更换了润滑油，但设备投用后膨胀机低压侧非驱动端轴承仍然异常。

(3) 将所有的重点从专业排查上转到如何先去除膨胀机低压侧非驱动端轴承漆膜上。因为，该处存在高温已毋庸置疑，产生漆膜是必然的，但如何让该处产生的漆膜及时溶解并被润滑油带走是保证设备安全运行的关键。通过调研和交流，最终采取了在机组油箱上外挂除漆膜滤油机。该滤油机不但具备静电吸附功能，更主要的是在油中添加的树脂能溶解漆膜。在油循环过程中，经过该轴承处的润滑油能够溶解轴承表面的漆膜，并将溶解的漆膜随后循环至油箱，再在滤油机中吸附过滤。该设备自 2019 年 6 月 6 日安装投用后，膨胀机轴承温度虽比其他轴承温度高(87~90℃)，但三年来，轴承的运行一直很平稳。

三、故障机理分析

(1) 该轴承为可倾瓦滑动轴承，采用的是强制润滑。滑动轴承形成动力润滑的必要条件主要有三个：①相对运动的两表面间必须形成楔形间隙；②被油膜(含流体介质)分开的两表面须有一定的相对滑动速度，其方向应保证润滑油由大口进，从小口出；③润滑油须有一定的黏度，供油要充分。

(2) 轴承润滑膜几何关系及承载能力如下：

以下通过滑动轴承某一截面的几何关系，解析轴颈、轴承、油膜之间的关系。

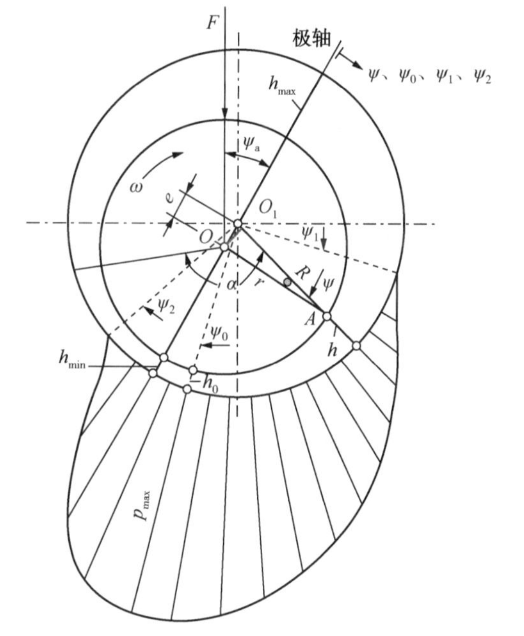

图 13-1　径向轴承几何关系示意图

图 13-1 中表明了轴承的承载力和承载区域、偏心距及偏位角、油膜的起始角及任意角、油膜压强在承载方向的分量等计算要素。通过几何关系识别，滑动轴承虽为五瓦可倾结构，但在正常运转时，轴承存在主要承载区，其轴承承载能力、正常工作必须润滑量、最小油膜厚度存在联系。相关计算如下：

① 轴承承载能力

$$F=\frac{\omega\eta Bd}{\psi^2}S_0$$

式中　B——轴承有效长度；

d，ω——轴的直径和转速；

ψ——相对间隙，$\psi=2\Delta/d$；

η——熔体黏度；

S_0——载荷系数。

以上说明：轴承的承载能力与轴承的宽度、轴承的轴颈及油隙、轴的转速、润滑油的黏度、最小润滑膜的位置均有关。

② 保证轴承工作能力所必须的供油量

$$Q=0.5\psi\omega Bd2q$$

式中　q——与轴承包角相关的系数。

③ 最小油膜厚度

滑动轴承最小油膜厚度的值是通过重复计算和比较得到的。由载荷系数初选轴承有效长

度 B 和相对间隙 ψ，算出载荷系数 S_0 的值后，在 $\chi-S_0$ 关系线图中查出偏心率 χ 的值，然后由 $h_{min}=0.5\psi(1-\chi)$ 求出，并与许用最小油膜厚度 $[h_{min}]$ 进行比较，如果不合格，则重新选初值，再进行重复计算，直至合格。显然，在正常工况条件下，尽管叶轮侧和非叶轮侧的轴承受力不同(该叶轮是悬挂式)，但该处轴承的最小油膜厚度是经过计算并满足正常工况的要求。

(3) 膨胀机组工况发生变化，对机组运行状况影响较大。

① 汽轮机、空压机、膨胀机均由德国 MAN 公司设计制造，其主要参数见表 13-1。

表 13-1 空压机组性能参数一览表

序号	设备位号	设备名称	规格型号	主要材质	工作介质	流量/(kg/h)	进/出压力/MPa	进气温度/℃	功率/kW	转速/(r/min)
1	C1-113	空气压缩机	RG 112/05，L1	CS	空气	224300	atm/1.72	amb	23568	一、二级 6860，三、四、五级 10970
2	C1-140	蒸汽透平	DK125/240，Z2	CS	蒸汽	133500	1/-0.09	46	15578	3204
3	C1-155	尾气膨胀机	EK080/02，L1	316L	反应尾气	127000/150450	1.3/0.003	175	7990	高压侧 16583，低压侧 9045

② 新增 VOC 单元，氧化尾气必须先经过 VOC 单元处理后再进入膨胀机做功，增加了系统压损，高压侧进排气压力与低压侧进气压力，与改造前相比都有下降。膨胀机低压侧排气压力与改造前相比有上升，原因是改造前直排尾气烟囱，改造后尾气需要经过 VOC 单元常压洗涤塔洗涤处理后再排大气，尾气排放阻力增加，排气压力增加(表 13-2)。

表 13-2 改造前后机组工艺操作参数变化情况

参　数	改造前	改造后	参　数	改造前	改造后
高压侧进气流量	136t/h	130t/h	低压侧进气压力	321kPa	280kPa
高压侧进气压力	1.12MPa	1.08MPa	低压侧进气温度	175℃	195℃
高压侧进气温度	175℃	190℃	低压侧排气压力	2.381kPa	5.121kPa
高压侧排气压力	345kPa	290kPa	低压侧排气温度	45℃	65℃
高压侧排气温度	80℃	85℃			

(4) 该轴承系动压轴承。启动时，轴承虽处于流体摩擦状态，轴颈向右滚动而偏移；启动后，润滑轴的润滑薄膜完全支撑起轴载荷时，随着转速达到正常转速，这时轴承内的摩擦阻力主要为润滑油的黏滞阻力，摩擦系数达到最小(图 13-2)。

当轴颈与轴承的间隙接近最低油膜厚度时，油膜的压力越来越高，该压力足以将轴颈推向间隙最大处，这种来回移动的幅度在机组的位移探头中表现为振动值(位移)，高压油在转动曳引流动的作用下，轴瓦内表面与轴之间形成动力润滑膜支撑起轴载荷，并不断更新和带走摩擦热。但从该处的振动显示中可以看出，其振动位移足够小，显然高压润滑膜无法将轴颈推向较大间隙处。由于轴瓦内表面与轴之间形成动力高压润滑膜刚度较大，摩擦热升高，其处润滑油的更新速度下降，导致摩擦热不能被及时带走，该处温度不断上升。

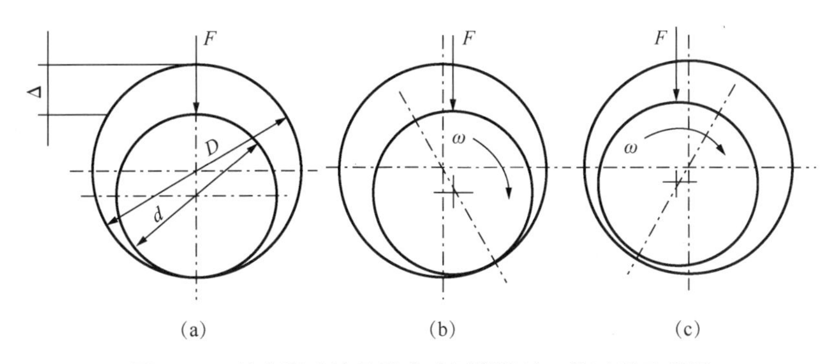

图 13-2　径向滑动轴承形成动压润滑的工作过程示意图

（5）漆膜的产生是一个复杂的过程。随着润滑油的氧化并不断恶化，氧化物产出并开始聚合，逐渐产生可溶的、有极性的、软性污染物（抗氧化剂及基础油的降解物），并融于润滑油中。漆膜是油品变质产物，形成机理大致可分为油品氧化和油液“微燃烧”两类。由三家润滑油分析机构出具的报告可知，本机组的油品质量指标均满足正常使用要求，因此，该处产生的漆膜应属于油液“微燃烧”。

一般情况下，液压油会溶解一定量的空气（<8%），当超过溶解极限后，进入油液的空气以悬浮形式存在于油液中。一旦液压油从低压区被泵入高压区，这些悬浮在油中的小气泡被急剧压缩，导致油液微区温度迅速升高，有时甚至高达1100℃，造成油液微区绝热“微燃烧”，生成极小尺寸的不溶物。这些不溶物有极性、极不稳定，易黏附到温度低的金属表面从而形成漆膜。相对而言，油品氧化是一个缓慢的过程，而油品绝热“微燃烧”生成漆膜的速度要快得多。当漆膜积聚到一定量时，高压油膜出现破坏，导致振动异常。

四、故障原因分析

改造前，项目组曾委托生产厂进行了初步核算。厂商小结如下：

本次工程检查，主要检查了在提高进气温度到230℃后，该膨胀机的操作性，基于排气温度不低于80℃，计算了几个操作点的出力，膨胀机的部件能够承受230℃的温度。另外，导叶不会黏滞。但是，提高温度后，为了防止径向的刮擦，操作程序应该更改（并给予了操作建议）跳车导致的停机，径向刮擦可能无法避免。另外，管口的载荷需要业主检查。使用新的气封件（更改密封间隙）可以视作在提高进气温度后的一个方法。周围的部件，如速关阀、旁通阀、管道、补偿器可以耐受230℃。膨胀机管口的载荷和热膨胀需要业主检查。

目前无法确认消音器的进一步信息，目前只能确认该部件的设计温度是150℃，所以，有可能在新的操作点下，会有损坏发生。仪控方面，文丘里管应该根据新操作点重新设计然后替换，以及以上已经提及的关于仪表的注意事项。

（1）更换量程不合适的仪表；

（2）更换热井（重新计算唤醒频率）；

（3）更换热电偶；

（4）变送器重新编程；

(5) PLC、逻辑、DCS 通信，重新编程(改动)；

(6) 改动报警、停机的设定点。

鉴于以上原因，生产厂商再次以 146t/h 气量、220℃进气温度、80℃排放温度为基准做三个工况下的模拟热力计算。

工况一：低压膨胀机进气温度 220℃、压力 4.617bar(A)，保证排气温度在 80.15℃情况下，进气量最多 145t/h，超过这个进气量，低压膨胀机将会过载。这是最接近业主提出的工况点的。

工况二：低压膨胀机进气温度 225℃、压力 4.63bar(A)，保证排气温度在 83.878℃情况下，进气量最多 144.7t/h，超过这个进气量，低压膨胀机将会过载，该工况下，提高了进气温度、进气压力，但是排气温度超了 80℃，同时进气量变小。不是很理想。

工况三：低压膨胀机进气温度 225℃、压力 4.565bar(A)，保证排气温度在 85.00℃情况下，进气量最多 142.2t/h，超过这个进气量，低压膨胀机将会过载。排气温度要 85℃，这个操作点更不理想。

得出的结论是：在进气 146t/h，低压膨胀机入口温度控制在 220℃以下，且排气温度控制在 80℃以上，是不可能实现的，同时在这个条件下，低压膨胀机已经过载。比较有可能的方式是将进气温度至少提高到 225℃，同时提高进气的压力，这样就能提高进气流量以接近我们希望的 146t/h，但是这样也同样会造成低压膨胀机过载。

五、故障处理措施

技术措施：为减少轴承表面漆膜堆积，经过多次交流，同时借鉴兄弟企业取得的经验，经与厂商沟通，在机组油箱上外挂除漆膜滤油机，通过树脂溶解和静电吸附两个功能，减少轴承表面漆膜堆积，保证膨胀机轴承能在较高温度状态下运行，不会发生进一步恶化。

排气温度控制在 80℃以上是为防止膨胀机出口及下游管道发生露点腐蚀，但为了满足进气量，同时保证设备的安全，目前将出口温度设定值下调 10~15℃，通过防腐蚀检查，并未发生露点腐蚀。尽管如此，防腐蚀跟踪也一直作为停车消缺的常规性工作。

六、管理提升措施

因本机组使用的是 46#汽轮机矿物油，因此不存在添加剂被树脂溶解的可能，只需重点关注树脂溶解漆膜的效果，加强机组的巡检维护，当轴承的温度有开始上升的趋势时(投用后约 18 个月)，及时更换除漆膜过滤机滤芯，保障机组安全运行。

七、实施效果

滤芯更换后，温度立即回到 90℃正常温度，确保了机组的安全稳定运行。

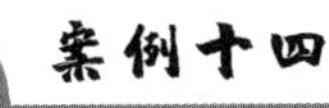

MTO装置汽轮机-离心压缩机组驱动汽轮机轴振动高故障案例

一、故障概述

某公司 MTO 装置 K-3001ST 汽轮机-离心压缩机组大修后于 2018 年 8 月 10 日进行机组联试，联试期间转速升至 10700r/min 时，汽轮机联轴器侧轴振测点 VE3349A 振动值为 39μm(报警值为 41.1μm)，低压缸驱动侧轴振测点 VE3244 振动值为 43μm(报警值为 62μm)，汽轮机轴振动值已接近报警值，存在较大运行风险。机组轴系图见图 14-1。

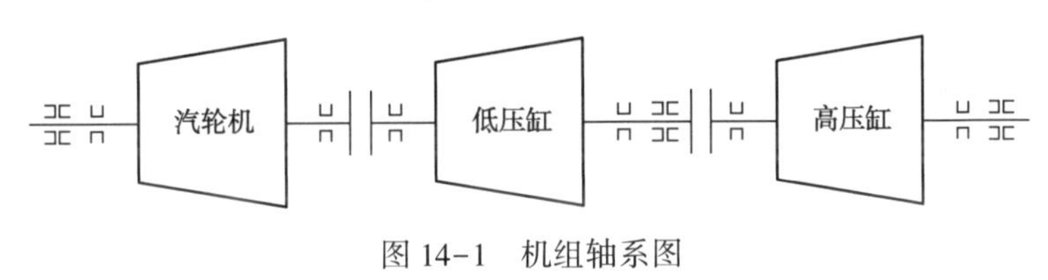

图 14-1　机组轴系图

二、故障过程

(1) 8 月 2 日 14 时，汽轮机单试。

在 11000r/min 工作转速时，汽轮机联轴器侧轴振测点 VE3349A 振动值为 28μm，检修前振动值为 25μm，相差不大。单试期间，振动值随转速提升而不断增大，从图 14-2 可以看出，汽轮机联轴器侧轴振在 8000r/min 以后随转速变化明显。

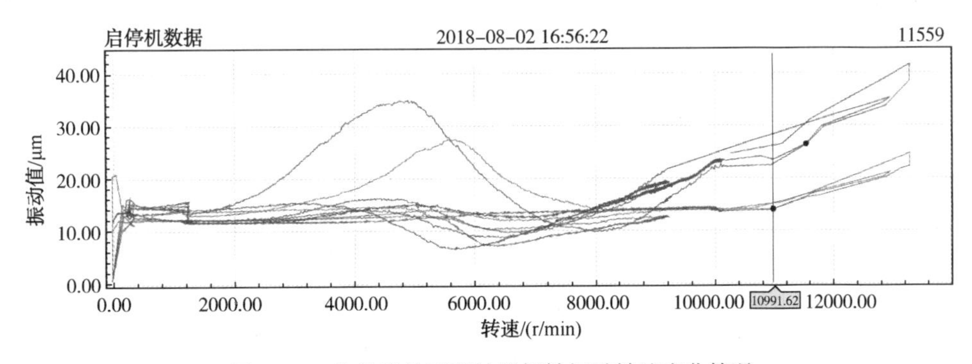

图 14-2　汽轮机单试联轴器侧轴振随转速变化情况

(2)8 月 10~11 日，第一次机组联试。

此次联试，因蒸汽量不足，机组未能升至 11000r/min 工作转速，转速最高升至 10700r/min。此时，汽轮机联轴器侧轴振测点 VE3349A 振动值为 39μm；低压缸驱动侧(东侧)轴振测点

VE3244 振动值为 43μm。

从图 14-3 看，汽轮机联轴器侧轴振动值随转速提升而不断增大，在 7000r/min 以后随转速变化明显。

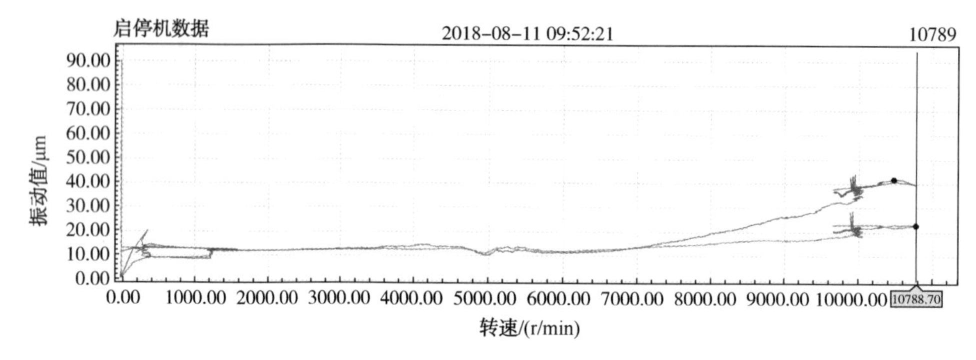

图 14-3 联动试车汽轮机联轴器侧 Bode 图

从图 14-4 看，低压缸驱动侧轴振动值随转速提升而不断增大，在 7000r/min 以后随转速变化明显。

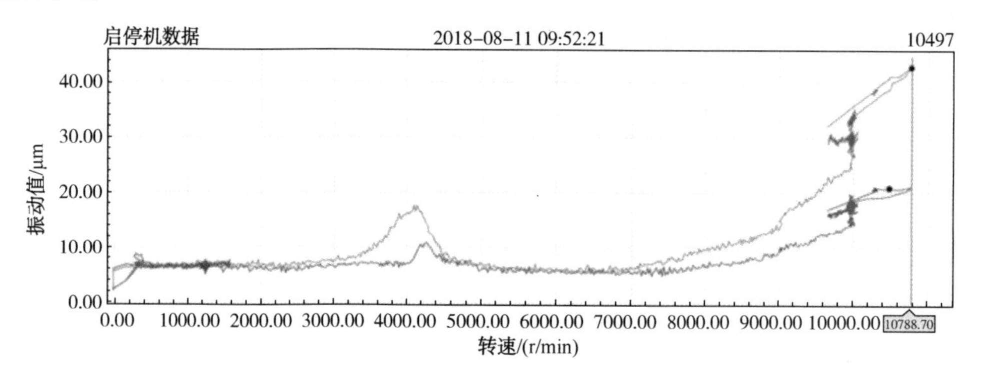

图 14-4 联动试车低压缸驱动侧 Bode 图

三、故障机理分析

8 月 12~13 日，断开联轴器检查，分析频谱图。

汽轮机、低压缸间联轴器两侧振动值都大。遂决定拆检联轴器，复查对中，核查轴瓦安装记录；经复检确认，机组对中、联轴器安装、轴瓦安装均符合要求，排除了“联轴器安装、机组对中、轴承安装”等因素引起轴振动值偏大的可能。

调取查看联试期间 S8000 状态监测系统频谱图、Bode 图、轴心轨迹图，发现以下特征：波形图近似正弦波；能量主要集中于 1 倍频，峰值突出，2 倍等高倍频分量较小；轴振随转速升高不断增大；轴心轨迹近似椭圆。初步分析认为：轴振偏大因“轴系动不平衡”引起。

从图 14-5 的四个图可以看出以下四点特征：

（1）振动值随转速升高（7000r/min 以后）迅速变大；

（2）轴振测点 VE3349A、轴振测点 VE3244 的时域波形近似为正弦波；

（3）轴振测点 VE3349A、轴振测点 VE3244 的频域图中，能量主要集中于 1 倍频，峰值突出，高倍频分量较小；

（4）汽轮机联轴器、低压缸驱动侧轴心轨迹为椭圆形。

此四点特征均符合转子动不平衡的故障特征，由此判断轴振动值偏大为动不平衡所引起。

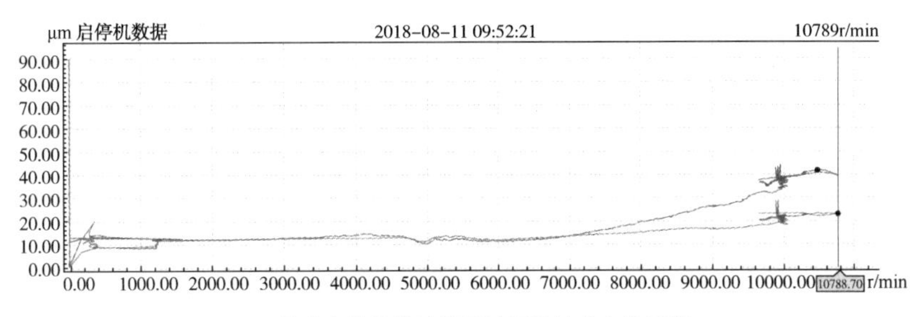

（a）联试汽轮机联轴器侧轴振随转速变化情况

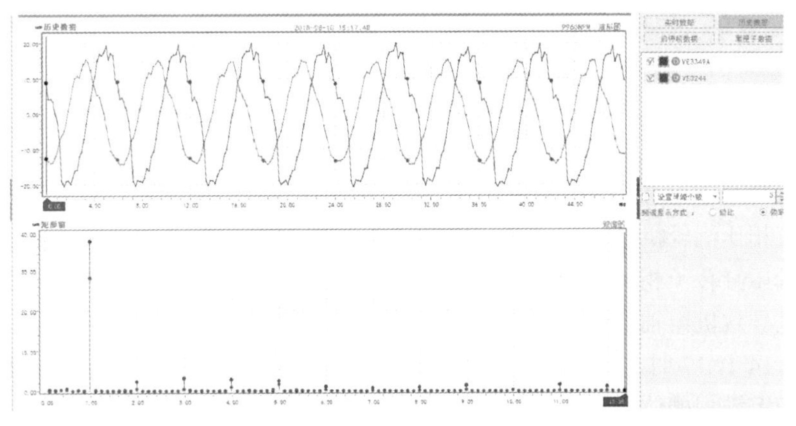

（b）汽轮机联轴器侧轴振测点 VE3349A 及低压缸驱动侧轴振测点 VE3244 波形频谱图

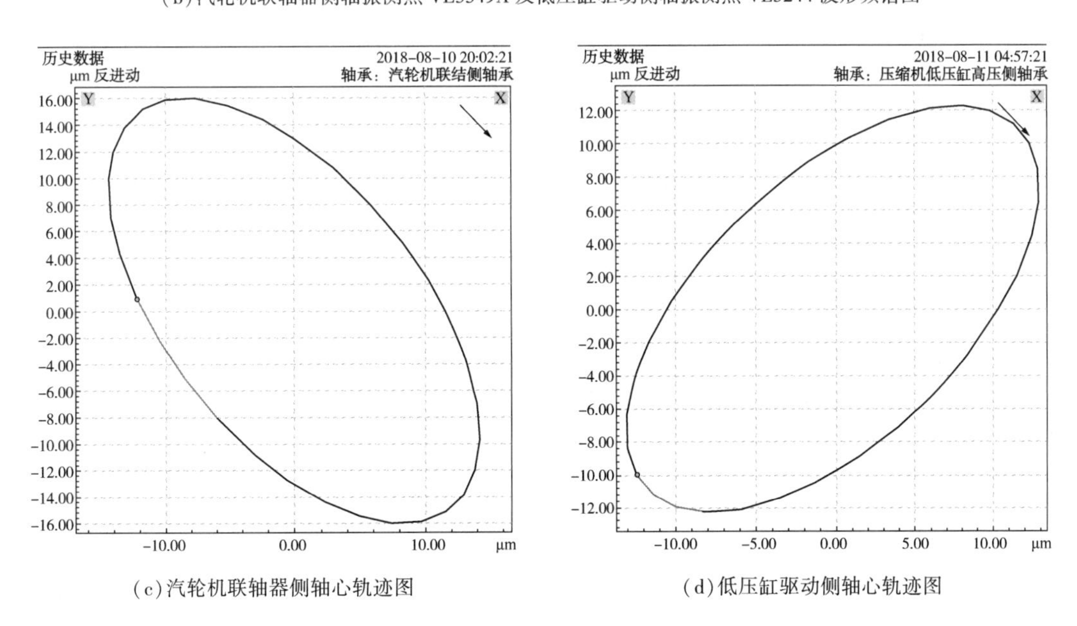

（c）汽轮机联轴器侧轴心轨迹图

（d）低压缸驱动侧轴心轨迹图

图 14-5　S8000 状态监测系统频谱图

四、故障原因分析

1. 直接原因

机组轴系动不平衡。

2. 间接原因

因支撑刚度、轴承装配偏差、轴承同心度偏差及环境温度、负荷大小等不同，导致安装在现场设备和安装在动平衡机上转子的工况不同，因此即便是已校对过动平衡的转子，在安装到现场后，仍有出现振动偏大的可能性。

五、故障处理措施

(1) 8 月 14 日上午，首次在线动平衡试验调整。

将联轴节与汽轮机对轮间联结螺栓松开，压缩机转子不动，把汽轮机转子旋转 180°回装联轴器联结螺栓，来尝试是否有减小振动的可能。

(2) 8 月 14 日 11 时 30 分，机组联动试车(汽轮机、低压缸转子相对旋转 180°)。

汽轮机联轴器侧轴振测点 VE3349A 振动值进一步增大，在机组升至 9946r/min 时，振动值为 61.4μm(已过联锁值 60.2μm)，提速过程振动值随转速提升而不断增大，汽轮机高压侧的振动值相比汽轮机低压缸转子相对旋转前联试时振动值也在变大。通过试验，说明了汽轮机、低压缸转子相对旋转 180°对机组“轴系动不平衡”产生较大影响，可以确认：轴系动不平衡是导致机组轴振大的根原因。

(3) 8 月 14 日 17 时，汽轮机、低压缸转子恢复原位安装，进行试配重调整。

首先，确定键相槽位置，即零位，目的是根据初始振动相位确定初次加试重位置。找键相槽方法：盘车，同时用万用表测量键相传感器间隙电压，当电压突变时即键相槽转到了键相传感器的位置，标记，注意标记的位置应为振动传感器对应的位置。在机组升至 11000r/min 时，VE3349A 振动值为 34μm，转速不变的情况下，观察 40min 后稳定在 41μm∠160°。见表 14-1、表 14-2。

表 14-1　汽轮机单试轴振动值(转速：11000r/min)

方　位	振动值	方　位	振动值
汽轮机联轴器侧 VE3349A	28.1μm	汽轮机高压侧 VE3348A	17.1μm
汽轮机联轴器侧 VE3349B	18.0μm	汽轮机高压侧 VE3348B	13.6μm

表 14-2　动平衡调整前机组联试轴振动值(转速：11000r/min)

方　位	振动值	方　位	振动值
汽轮机联轴器侧 VE3349A	41.0μm	低压缸驱动侧 VE3243	16.5μm
汽轮机联轴器侧 VE3349B	27.5μm	低压缸驱动侧 VE3244	35.2μm
汽轮机高压侧 VE3348A	18.6μm	低压缸非驱动侧 VE3241	8.3μm
汽轮机高压侧 VE3348B	14.7μm	低压缸非驱动侧 VE3242	8.0μm

根据初始振动矢量可知，汽轮机联轴器侧轴振大于高压侧轴振，低压缸驱动侧轴振大于低压侧轴振，因汽轮机单试期间，联轴器侧轴振大于高压侧轴振，分析为汽轮机转子近

联轴器端不平衡是引起振动值的最大可能原因，可采用单平面配重方式消除不平衡量。

综合以上情况，决定本次平衡采用轴系平衡法中的单转子单面平衡法，以降低汽轮机联轴器侧 VE3349A 轴振动值为目标。

根据动平衡经验公式，计算试加块质量为 8.18g，为使现场动平衡工作更加安全、方便实施，制作 6~8g 配重块若干。

第一次尝试在中间套筒靠近汽轮机侧最顶部 12#螺栓，加试重 6.95g（根据经验，试重块一般先装在接近转子自然停止后通过轴中心点垂直线最顶部的螺栓）。见图 14-6。

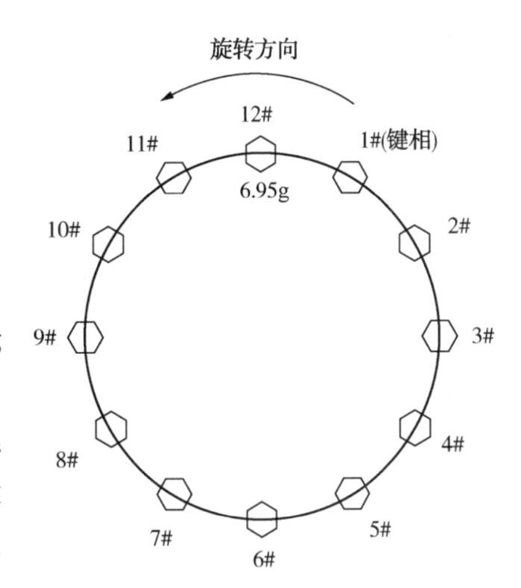

图 14-6 试重安装位置示意图
（旋转方向为从低压缸向汽轮机侧看）

加试重后进行联试，在机组升至 11000r/min 时，VE3349A 振动值为 48μm∠131°。见表 14-3。

表 14-3 试配重后机组联动试车情况

方 位	振动值	方 位	振动值
汽轮机联轴器侧 VE3349A	48μm	低压缸驱动侧 VE3243	18μm
汽轮机联轴器侧 VE3349B	30μm	低压缸驱动侧 VE3244	33μm
汽轮机高压侧 VE3348A	30μm	低压缸非驱动侧 VE3241	12μm
汽轮机高压侧 VE3348B	22μm	低压缸非驱动侧 VE3242	11μm

配加试重后，轴振变化示意见图 14-7。

运用矢量分解法，将配重分解到（8#∠210°、9#∠240°、10#∠270°）三个螺栓上。见图 14-8。

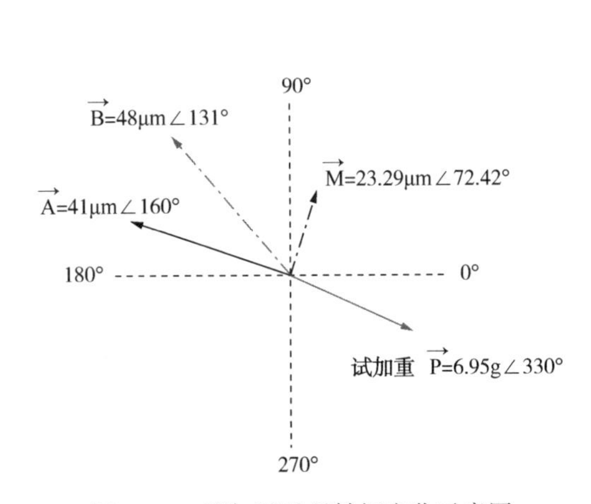

图 14-7 配加试重后轴振变化示意图

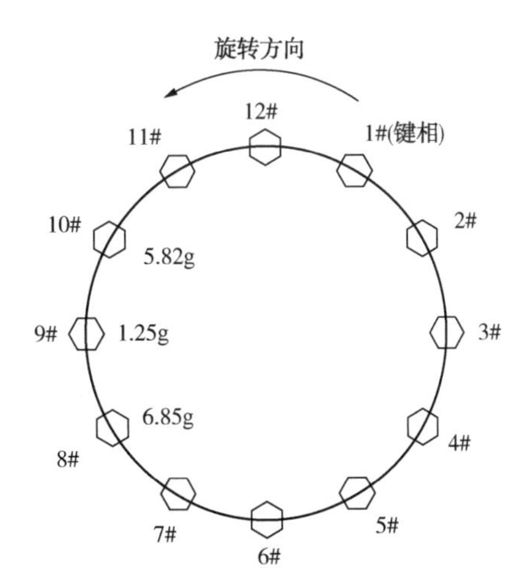

图 14-8 平衡配重安装位置示意图
（旋转方向为从低压缸向汽轮机侧看）

六、管理提升措施

（1）把联轴器中间节套筒旋转角度安装，降低振动存在的不合理性，因为这样可能会破坏联轴器的平衡，相当于产生一个新的不平衡量去平衡掉原有的不平衡量，而这两个不平衡量的大小方向均未知，恰恰能抵消的概率很低。

（2）当轴系中有一个转子或两个邻近转子需要调整平衡时，可采用单转子平衡法尝试进行轴系平衡；当两根转子符合：①转子一侧振动值大于另一侧；②两根转子轴振位置邻近（联轴器两侧）情况时，单转子单面平衡法是进行轴系平衡的有效方法，可在轴振动值较大侧对联轴器轮毂增加配重来进行平衡调整。

（3）现场转子有动不平衡的情况出现时，可采用在线动平衡的方法进行平衡调整。但必须满足以下条件：①能够确定键相位置；②能够确定轴振相位；③现场条件允许机组连续多次停、开车；④能够制作合适且可安装的配重块。

七、实施效果

8 月 14 日 22 时 7 分，平衡配重后联动试车。

1200r/min 时，VE3349A 振动值为 20μm，没有太大变化，升速过临界后，平衡效果出现，随着转速升高振动逐渐降低，在 11000r/min 时，透平低压侧轴振测点 VE3349A 振动值降到 11.2μm；压缩机低压缸驱动侧轴振测点 VE3244 振动值降到 21.9μm，机组其余轴振情况良好，效果明显。见表 14-4、表 14-5。

表 14-4　平衡配重后机组联动试车情况

方　位	振动值	方　位	振动值
汽轮机联轴器侧 VE3349A	11.2μm	低压缸驱动侧 VE3243	10.5μm
汽轮机联轴器侧 VE3349B	15.0μm	低压缸驱动侧 VE3244	21.9μm
汽轮机高压侧 VE3348A	7.4μm	低压缸非驱动侧 VE3241	6.4μm
汽轮机高压侧 VE3348B	7.3μm	低压缸非驱动侧 VE3242	6.3μm

表 14-5　机组各测点轴振报警值、联锁值

位号	测量部位	单位	报警值	联锁值
VE3348	汽轮机轴振动	μm	41.1	60.2
VE3349	汽轮机轴振动	μm	41.1	60.2
VE3241	压缩机低压缸轴振动	μm	62	86.7
VE3242	压缩机低压缸轴振动	μm	62	86.7
VE3243	压缩机低压缸轴振动	μm	62	86.7
VE3244	压缩机低压缸轴振动	μm	62	86.7
VE3245	压缩机高压缸轴振动	μm	62	86.7
VE3246	压缩机高压缸轴振动	μm	62	86.7
VE3247	压缩机高压缸轴振动	μm	62	86.7

附录　石油化工旋转机械振动标准(SHS 01003—2019)关于轴振动的评定标准

1. 本标准适用的设备包括电动机、发电机、蒸汽轮机、烟气轮机、燃气轮机、离心压缩机、离心泵和风机等类旋转机械。

2. 轴振动A区(优良状态)上限值，推荐按下式计算：

$$S_{p-p}<\frac{2782}{\sqrt{N_{max}}}\quad 且 \ngtr 50.8\mu m$$

式中　N_{max}——机器最大工作转速，r/min。

3. 轴振动B区(合格状态)的上限，建议取为A区上限的1.6~2.5倍。工作转速较高者取下限，工作转速较低者取上限。其值建议定为黄灯值(一级报警)。

4. 轴振动C区(不合格状态)的上限，建议取为B区上限的1.5倍，其值建议定为红灯值(二级报警)。见附表14-1。

附表14-1　机组达到优良状态允许轴振动值

位号	轴振动值	单位
K3001	25.29	μm
K3001ST	25.29	μm

经对比，可以发现，动平衡调整后，机组运行达到优良状态，动平衡调整效果良好。

案例十五 氯乙烯装置冷冻机组轴瓦磨损故障案例

一、故障概述

2021 年 9 月 13 日，氯碱厂 2#氯乙烯装置 150S 丙烯冷冻机 150U001 大修试车两次未成功。热态盘车时未发现异常，9 月 14 日冷态盘车出现异响，拆检机械密封和后侧推力轴瓦，均正常。9 月 18 日，试车在第 32min 联轴器端轴瓦温度突然上升至联锁停机。9 月 18 日 23 时至 9 月 24 日 22 时，机组解体检修更换转子及联轴器侧轴瓦，9 月 25 日 8 时检修完毕试车正常交生产运行。

二、故障过程

机组解体发现，联轴器侧轴瓦磨损严重、转子轴径磨损（图 15-1、图 15-2），并且在解体过程中发现轴承发生抱轴情况。因此在轴承拆卸过程中，对轴承采用切割拆除。

图 15-1　轴瓦磨损情况

图 15-2　转子轴径磨损情况

三、故障机理分析

本次丙烯冷冻机 150U001 轴瓦损坏的主要原因：9 月 13 日两次试车中，轴瓦已经损伤。9 月 18 日试机时，轴瓦油膜不完好，随着轴瓦温度上升，油膜不断恶化，运行至 32min 时，油膜破裂，轴瓦与轴径接触，温度快速上升，达到联锁值停机。

四、故障原因分析

润滑油原因：本冷冻机设计润滑油为约克-C型，据了解由于该种润滑油在制冷剂丙烯中溶解度大，2011年约克公司已经将该机型润滑油更换为溶解度较小的约克-N型润滑油。

平衡阀原因：本冷冻机设计平衡阀为气动控制，该控制方式较难控制，据了解2008年约克公司其他机型已经改为电动控制，克服平衡阀开关的缺陷。

五、故障处理措施

升级润滑油：将约克-C型润滑油升级为在制冷剂丙烯中溶解度较小的约克-N型润滑油。

改进平衡阀：将气动控制改为电动控制。

改进气动马达：将控制入口导流叶片开度的直行程气动马达改为扭矩较大的角行程结构。

升级控制系统：冷冻机组为现场PLC控制，目前控制系统中卡级已连续使用17年，部分卡件已经淘汰，卡件老化导致机组运行可靠性降低。

组织开展大机组实操培训，重点学习大机组操作技能和异常情况下的应急处置，操作人员熟练掌握机组开停车技能。

案例十六

芳烃装置循环氢压缩机仪表联锁停车故障案例

一、故障概述

2021年2月12日，GB-701于17时32分因压缩机止推轴承温度TS7193指示≥115℃高高联锁造成停机，芳烃设备组立即赶到车间处理，同时上报厂机动科，及时联系运维仪表车间查找原因。经分析，判断TS7193热电阻故障，因该侧止推瓦另一套热电阻TS7192可正常指示，经车间、机动科、运维仪表车间共同评估，决定将TS7193联锁临时摘除后开机，19时20分，GB-701启机升至正常转速，各项参数运行正常。22时23分，GB-701再次停机，SIS显示由505E调速器发出跳闸信号：All Speed Probes Failed，但在此跳闸信号34s前SIS记录循环氢流量FS738低报，通过流量趋势、转速趋势判断，505E调速器发出跳闸信号之前，GB-701已停车，转速低于400r/min后505默认探头故障发出All Speed Probes Failed信号，经运维仪表车间检测，排除测速探头故障的可能性。

二、故障过程

机动科组织车间及运维仪表人员于13日1时30分进行问题原因分析，因无任何跳闸信号记录，初步制定以下处置措施：

（1）更换2020年新的超速保护器ST800；

（2）更换电液转换器；

（3）更新电子超速保护器ST800电源电缆线；借机更换TS-7193热电偶。

13日完成GB-701四项检修任务后，16时开启润滑油泵GA-7011，润滑油系统运转，开机前进行冷态开阀测试，发现505调速器不能复位，因2020年11月14日出现过相同问题，仪表专业人员怀疑超速保护器异常，更换回原超速保护器。更换完毕后，再次进行冷态开阀测试，观察速断阀及调速阀动作情况，发现调速阀动作正常，速断阀不能打开。通过现场分析，怀疑超速保护器滑阀可能动作不到位，速断阀动力油油路供油不足，再次停油检查。拆解下超速保护器查看复位过程滑阀动作情况，发现行程仅1mm，由此判断，复位通电后超速保护器线圈推动力不足，要求仪表人员测量现场超速保护器电源电压，实测数值仅为18.9V，低于超速保护器允许运行最低值20.4V（电源电压允许范围24V±15%）。14日凌晨1时仪表人员开始更换超速保护器电源，引独立电源单独给超速保护器供电，11时44分，现场超速保护器电源电压调整至23.55V，复位试验过程滑阀动作行程达到7mm，符合正常运行标准。回装完毕后，再次进行冷态启机试验，速断阀与调速阀动作良好。GB-701 于 11 时 50 分开始暖机，14 时 10 分启机升至工作转速，各运行参数正常。

三、故障机理分析

打开压缩机止推轴承缸头大盖，更换 TS7193 热电偶，更换后 TS7193 指示稳定。

运维仪表更换超速保护器电源及部分电源线，现场超速保护器电源电压调整至 23.55V。电压调整后超速保护器的滑阀动作行程正常，冷态启机试验速断阀与调速阀动作良好，GB-701 顺利启机，各项参数运行正常。

四、故障原因分析

第一次 GB-701 联锁停机直接原因是止推轴承温度 TS7193 热电偶误指示超过联锁值 115℃(此联锁设定为 1 取 1)造成。

第二次 GB-701 联锁停机直接原因是电子超速保护器供电电压低，达不到运行标准，造成超速保护器异常关闭，压缩机停运。

五、故障处理措施

加强对运维队伍业务能力培训，对故障排查过程严格把关，排查过程规范化、表单化，每一环节确保有多方监控。

加强设备专业培训，强化设备故障的应对、解决能力。

提高点巡检质量和标准，加强对大机组异常情况的检查，定期进行监测，发现问题及时分析并采取有效措施。

尽快促进 GB-701 控制系统的升级。

六、管理提升措施

(1) 检修前对 TS7190~TS7197、TS841~TS844 进行变更申请，由 1 取 1 联锁变更为 2 取 2，增强 GB-701 运行的稳定性。

(2)检修时对压缩机相关仪表电源进行检测，不符合要求的进行更新，同时对现场继电器、端子等元件进行更换，增强大机组仪表的稳定性。

(3) 尽快推进 GB-701 控制系统升级工作。

(4) 故障排查的过程规范化、表单化，每一环节确保有多方监控。

七、实施效果

机组运行正常，未出现类似故障。

案例十七

乙烯装置裂解气压缩机组电液转换器仪表电缆受热短路导致机组停车故障案例

一、故障概述

2015 年 4 月 26 日 19 时 18 分，烯烃厂乙烯装置工艺人员反映裂解气压缩机 GB-1201 转速下降，接着仪表辅操台 A 型报警灯 SAH12101 闪烁报警，蜂鸣器响。GB-1201 停车。在故障发生前 GB-1201 系统满负荷生产，各参数均在正常范围内。因为 GB-1201 联锁停车，在 4 月 26 日 19 时 18 分至 4 月 27 日 3 时 18 分之间负荷降低。2015 年 4 月 27 日 0 时 20 分，装置开车运行正常。

二、故障过程

查看联锁系统的 SOE 记录，如下：

19:14:02.049 26/04/2015 CBUZZER_YS	TRUE	辅操台压缩蜂鸣器
19:14:02.049 26/04/2015 CU_BG_1901	FALSE	PRC-1901,TIC-1901 CUTOFF TO DCS
19:14:02.049 26/04/2015 CU_PV3_1901	FALSE	SOLENOID VALVE (OPEN)
19:14:02.049 26/04/2015 CU_TV2_1901	FALSE	SOLENOID VALVE (CLOSE)
19:14:02.049 26/04/2015 CE_GA_1206	FALSE	SHUT DOWN
19:14:02.049 26/04/2015 CE_FCV_1241	FALSE	GB1201 KICK BACK
19:14:02.049 26/04/2015 CE_FCV_1203	FALSE	GB1201 KICK BACK
19:14:02.049 26/04/2015 CE_XV_12141	FALSE	GB1201 SHUT DOWN
19:14:02.048 26/04/2015 CE_GB_1201	FALSE	SHUT DOWN
19:14:01.826 26/04/2015 DE_SAHH_12101	FALSE	GB-1201 TRIP SINGAL

从记录上可以看出，导致压缩机停车的第一信号为机组控制系统发出的停车信号 GB-1201 TRIP SINGAL，而 GB-1201 的机组控制系统为 CCC 系统。通过查看 CCC 系统的事件记录和趋势记录，发现 GB-1201 的转速信号发生不明原因的下降，两只转速探头 SI12101A 和 SI12101B 均检测到了转速下降过程，转速下降到低于 100r/min 时触发了机组控制系统的安全响应工况，发出了联锁停车信号，导致压缩机停车。记录见图 17-1、图 17-2。

导致压缩机转速下降的原因有：①蒸汽系统故障；②转速探头故障；③机组控制系统输出故障；④调速阀信号输入线路故障；⑤调速阀故障。

通过查看趋势记录及对转速探头进行检查，确认蒸汽系统及转速探头正常。机组控制系统输出经过检查也确认正常。接着对输入线路及调速阀进行检查，测量调速阀的线圈电阻发现电阻值不稳定，时有变化。将接线从穿线管内抽出检查，发现电缆末端绝缘层多处烤焦，有绝缘破坏短路现象。

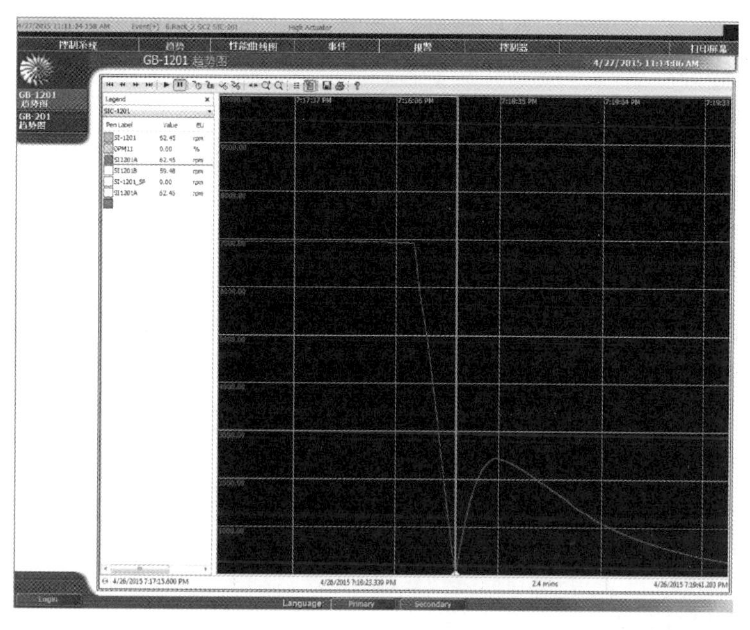

图 17-1　转速下降曲线

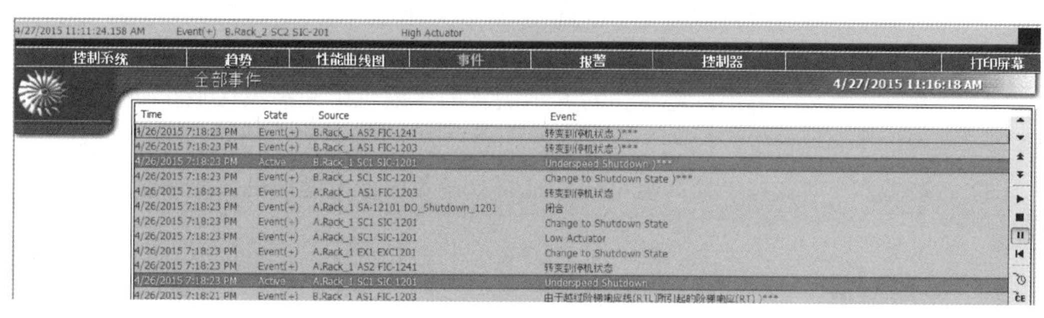

图 17-2　CCC 控制系统发出停车信号

三、故障机理分析

分析原因是透平保温措施不好，调速阀终端接线盒原设计不合理，离透平太近导致线路被高温炙烤损坏，确认输入线路故障导致 GB-1201 压缩机停车。同时，也暴露出在仪表专业管理方面存在薄弱环节，巡检不到位，没有及时发现电缆超温的情况。

四、故障原因分析

1. 直接原因

压缩机透平侧保温效果不好，调速阀终端接线盒设计不合理，朝向透平侧且离透平距离近，导致仪表电缆经长时间高温辐射烘烤，绝缘层损坏，出现电缆短路的情况，影响调速阀动作。

2. 间接原因

（1）仪表专业管理不到位，主管科室、车间、班组均未能及时识别存在的隐患，未将高温区域的电缆纳入日常点巡检范围。

（2）本质安全隐患大普查深度不够，只重点对关键联锁仪表、控制系统、联锁保护系统、调节阀、可燃有毒报警器等进行全方位排查，未能将高温区域控制电缆的运行情况纳入检查范围。

五、故障处理措施

（1）故障确认后，更换新电缆，重新压接接线端子，将电缆接到调速阀上确认正常后交付工艺开车。

（2）针对此次事故原因对其周围高温环境的仪表电缆进行检查，确保其他电缆没有损坏。联系工艺车间对高温区域重新进行保温，减少热辐射，并尽可能地将穿线管远离高温区域。增加工业风吹扫，降低热辐射带来的超温风险。加大对关键位置仪表的巡检力度，及时发现和处理相关问题。

六、管理提升措施

（1）针对已排查出的隐患制定隐患治理计划和整改措施，并做好措施的实施准备工作，利用装置停车机会有计划地落实整改措施。

（2）针对这次事故暴露出的隐患，对其他装置的压缩机组和高温区域全面检查，特别是高温区域的电缆测温检查，形成每月定期红外测温固定机制，及时处理发现的问题。

（3）各装置停车时做好更换高温电缆的准备，避免由于电缆问题影响装置运行的情况出现。

七、实施效果

机组运行正常，未出现类似故障。

案例十八

芳烃装置循环氢压缩机透平调速阀杆断裂导致调速失效故障案例

一、故障概述

2015 年 4 月 10 日 14 时 40 分，室内 DCS 显示芳烃装置循环氢压缩机 GB/T-601 转速从 10858r/min 降到最低 7975r/min，室内 505 调速器操作显示开度已达 100%，与现场开度一致，检查室内仪表显示机组振动、温度、润滑油系统压力及室外干气密封系统未见异常。现场发现在 TTV 阀及调速阀位置有间歇性噪声，并同时伴有基础振动，现场试图试验调整透平转速，无明显反应，故怀疑 TTV 阀或者调速阀内部出现问题。经请示厂领导进行停机检查。

二、故障过程

4 月 10 日 14 时 50 分正常程序对机组停机，停机后检查 TTV 阀的开关及跳闸均正常，检查调速阀的行程，发现可以全开，但是关闭调速阀时，现场阀位无法回到零位(只能回到 40%阀位开度)。判断调速阀内部存在问题。经打开调速阀后，发现阀杆在与阀头的连接处附近断裂，阀芯脱落。拆出阀套，发现阀套导向孔下部偏北部内孔局部断裂脱落。经修复后，于 12 日 9 时机组开车，恢复正常运转。

三、故障机理分析

调速阀解体后，发现调速阀杆与阀芯连接处根部断裂，定位孔内侧断裂、局部脱落；从断面形态看，调速阀阀杆断裂处断面大部分为旧痕迹，定位孔断裂处断面为新痕迹。调速阀套定位孔下部偏北侧磨损严重，这个磨损的方向跟进气方向基本一致，导致定位孔间隙逐渐变大，阀芯在气流作用下发生振颤，由于此调速阀设计阀芯密封面大、比较重，长时间振颤，在调速阀杆与阀芯连接处产生持续的交变应力，在根部产生内裂纹；随着定位孔的磨损，产生突发断裂、局部脱落，调速阀杆与阀芯连接处的交变应力突然变大，最终导致调速阀阀杆断裂。断裂后的阀芯卡涩在某一固定位置，使蒸汽流通量减少，导致机组转速降低，WW505 控制器检测到实际转速低于设定值，自动调节开大调速阀阀位至全开，故障现象显现。

四、故障原因分析

阀芯在气流作用下发生振颤，调速阀杆与阀芯连接处产生持续的交变应力，根部产生内裂纹，导致调速阀阀杆断裂。

五、故障处理措施

更换调速器阀杆及阀套。

六、管理提升措施

加强大机组的运行检查及形成隐性异常情况的处理方式及应急预案。调整大机组大检修方案的检修项目及检修深度。强化机组易损件备件的储备。

（1）加强案例学习，将调速阀杆断裂的故障模式与现象完善进汽轮机的应急处置方案，并培训至操作人员层级，再发生类似案例能得到快速判断和果断应急处置，避免事故扩大。

（2）加强关键机组运行管理，抓好操作人员转速趋势记录分析巡屏检查管理，大机组状态定期监测分析。发生转速波动时分析找到原因，避免长期波动振动导致调速部件振动失效。

（3）梳理完善汽轮机易损件备件清单。除了汽封、轴瓦外，还要对汽轮机调速阀杆及填料、阀梁、错油门滑阀、油动机活塞等配件做好全厂备件台账滚动管理跟踪，对缺料的及时领料储备。

（4）完善汽轮机检修策略，编制标准化汽轮机检修工序和材料模板，对检修内容和周期进行细化明确。一个大修周期必须对汽轮机内部的速关阀、过滤器、拉杆填料、阀梁、碟阀、阀座、错油门、油动机、转子组件进行解体检查，发现隐患问题及时处理。

（5）做好机组安装质量管控验收，避免安装质量把控不严埋下隐患。

七、实施效果

机组运行正常，未出现类似故障。

一、故障概述

2021 年 8 月 4 日 16 时 57 分，现场操作人员联系中控操作人员开始调试净化装置丙烯制冷压缩机 172C01 二段入口阀门 172XV003（两位开关阀），中控操作人员打开 172XV003，在现场听到强大的气流声，并告知中控操作人员异常情况，中控操作人员检查发现 172XV003 阀前压力 172PI008 为 0.872MPa，阀后压力 172PI023 为 0.205MPa，173XV003 阀门前后压差高达 0.667MPa，造成现场气流声大，但并未意识到可能造成的后果，故没有翻阅其他画面参数，继续进行阀门调试。

2021 年 8 月 6 日 19 时 27 分，172C01 开车过程中，转速达 4017r/min 时，172C01 因压缩机非驱动端轴位移高联锁（0.7mm）停机。

二、故障过程

8 月 4 日 16 时 57 分 14 秒 172C01 发生过转动，172SI303 最高转速达 1345r/min，8 月 4 日 16 时 58 分 6 秒 172SI303 转速归 0，持续转动时间达 52s。经确认，压缩机转动期间油系统未运行，压缩机非驱动端轴承温度 172TI221 由 23.2℃上升至 132.6℃，172TI222 由 22.1℃上升至 144.9℃。经进一步查找原因发现，172C01 发生转动时间与 172XV003 阀门调试时间一致，确认 172XV003 调试时前后压差过大，导致 172C01 发生转动。

三、故障机理分析

未按规程带压调试阀门，导致压缩机在无润滑条件下发生转动，引起轴瓦干磨损坏。

四、故障原因分析

1. 直接原因

仪表专业调试 172C01 二段入口阀门 172XV003 时前后压差过大，172XV003 全开时气流冲击 172C01 叶轮导致 172C01 发生转动，而 172C01 油系统并未运行，造成 172C01 轴瓦干磨。

2. 间接原因

（1）仪表专业调试阀门时未做到一点一票，将 172 单元仪表阀门全部混在一起，无法有效进行风险评估及落实安全措施。

（2）现场班长签票时未做到逐一确认并进行有针对性的风险评估。

（3）中控主操未落实仪表调试要求注意观察相关参数保证平稳操作的安全措施，开172XV003前未对阀门前后压差确认，在现场监护人反映听到较大的气流声，也未及时翻阅其他画面查看压缩机转速、振动、轴承温度等其他参数。

（4）中控班长未向中控主操传达注意调试阀门前后压差的事情，且自身未意识到压差过大的安全风险。

（5）工艺员未详细交代调试阀门前后压差过大的安全风险及防范措施，未引起中控班长的重视。

（6）装置培训不到位，导致班长及操作人员业务水平不高，未认识到172XV003阀门前后压差大时打开172XV003的风险。

五、故障处理措施

（1）仪表专业作业票严格按照制度执行，实行一点一票，做好风险评估及安全措施的落实。

（2）仪表专业与装置共同列出阀门调试清单，将阀门调试进行分级管理并逐一做好JSA分析，对于重要阀门的调试，审批人员要上升装置主任审批。

（3）加强装置培训，提高装置操作人员的风险识别能力，装置全员认真学习讨论本次事故。

六、管理提升措施

（1）170单元每个DCS画面增加转速显示，在压缩机转动时可对操作人员起到警示作用。对机泵存在串压反转风险的进行全面排查梳理，对未有单向阀、切断阀，或压差>4MPa未设置双单向阀的机泵进行安全隐患改造消缺，实现本质安全。

（2）设置机组轴承温度高报警弹框，以免操作人员忽略该报警。

（3）装置检修期间，对新增的检修项目，设备、工艺、仪表、电气专业要共同做好安全风险评估，不得随意增加检修项目。

（4）停工及正常运行期间，工艺参数发生明显变化，操作人员应进行原因分析并汇报工艺管理人员，工艺管理人员每天应审阅报表，发现异常参数变化要查清原因，采取相应措施保证生产各项参数正常平稳。

（5）加强对操作人员的培训，提高操作技能和处理突发事故能力。

（6）制定具体措施，对于可能导致机组反转的工艺操作、联锁试验分析列出清单；经过风险分析后编制标准化操作卡，涉及相关阀门及联锁操作执行手指口述，操作前必须执行能量隔离，有反转风险的操作先投用机泵润滑油、小阀位缓慢操作阀门。

（7）加强对大型机泵的轴承密封备件管理，发生事故能立即检修更换，避免单套装置长时间因机组无配件检修停工造成全厂范围长时间停工。

（8）对机泵的单向阀、切断阀进行定期解体检修，避免单向阀或切断阀故障导致串压反转。

七、实施效果

问题得到较好解决，未出现类似故障。

附件1　化工分公司净化装置丙烯制冷压缩机组压缩机推力瓦干磨故障根原因分析报告

<table>
<tr><td colspan="4">一、基本信息</td></tr>
<tr><td>缺陷等级</td><td></td><td>RCA 组长</td><td></td></tr>
<tr><td>分部</td><td>甲醇部</td><td>车间/装置</td><td>净化装置</td></tr>
<tr><td>设备名称</td><td>丙烯制冷压缩机组</td><td>设备位号</td><td>172C01</td></tr>
<tr><td>设备概况</td><td colspan="3">杭汽 NK32/36/32 凝汽式汽轮机带沈鼓 3MCL707 水平剖分式压缩机，2017 年投用，为净化装置低温甲醇洗单元提供冷量</td></tr>
<tr><td>缺陷时间</td><td>2021 年 8 月 4 日 16 时 57 分 14 秒至 58 分 06 秒</td><td>报告时间</td><td>2021 年 8 月 6 日</td></tr>
<tr><td>近年历史缺陷
（或同类缺陷历史）</td><td colspan="3">无</td></tr>
<tr><td>参加分析人员</td><td colspan="3"></td></tr>
<tr><td colspan="4">二、缺陷经过</td></tr>
<tr><td colspan="4">1. 缺陷发生情况(现象)
2021 年 8 月 4 日 16 时，净化运行班组二班接班后，炼油厂机电仪表人员找现场副班长对接 172 丙烯压缩制冷单元仪表阀门调试，并由副班长签发作业票。副班长安排现场主操吉某与仪表人员配合进行阀门调试，吉某接到指令后联系中控确认 172 仪表阀门是否具备调试条件，中控二系列主操刘某请示中控班长刘某确认现场是否有检修作业等，是否具备仪表阀门调试条件，刘某立即打电话请示工艺员张某现场检修作业是否已经完工，张某回复刘某现场检修作业已经完成，可以进行仪表阀门调试，刘某指示刘某可以进行 172 阀门调试。
2021 年 8 月 4 日 16 时 57 分，吉某现场联系中控刘某开始调试 172C01 二段入口阀门 172XV003(两位开关阀)，刘某中控打开 172XV003，现场吉某听到强大的气流声，并联系中控刘某异常情况，刘某检查发现 172XV003 阀前压力 172PI008 为 0.872MPa，阀后压力 172PI023 为 0.205MPa，173XV003 阀门前后压差高达 0.667MPa，造成现场气流声大，但并未意识到可能造成的后果，故未及时翻阅其他画面参数，继续进行阀门调试。
2021 年 8 月 6 日 19 时 27 分，172C01 开车至转速达 4017r/min 时，172C01 因压缩机非驱动端轴位移高联锁(0.7mm)停机，停机同时 172C01 非驱动端轴承温度 172TISA221 温度最高达 153.99℃，172TISA222 温度最高达 146.65℃。装置立即查找原因，发现 8 月 4 日 16 时 57 分 14 秒 172C01 发生过转动，172SI303 最高转速达 1345.5r/min，8 月 4 日 16 时 58 分 06 秒 172SI303 转速归 0，持续转动时间达 52s。经确认，压缩机转动期间油系统未运行，压缩机非驱动端轴承温度 172TI221 由 23.17℃上升至 132.625℃，172TI222 由 22.06℃上升至 144.938℃。经进一步查找原因发现，172C01 发生转动时间与 172XV003 阀门调试时间一致，确认 172XV003 调试时前后压差过大，导致 172C01 发生转动。</td></tr>
<tr><td colspan="4">2. 处理经过
通过对事件分析，设备管理人员判断 172TISA221/222 处轴瓦发生干磨，造成轴瓦表面巴氏合金层磨损，需要对轴瓦进行拆检。8 月 7 日 10 时汽轮机盘车降温正常后，交付检修。检修发现压缩机非驱动端主推力瓦损坏，对压缩机驱动端支撑瓦以及汽轮机相关轴承检查后未发现明显问题，故更换了压缩机非驱动端主推力瓦。2021 年 8 月 8 日 20 时 55 分，检修完成，172C01 开始油运，8 月 9 日 21 时 40 分油运合格，172C01 做开车准备，8 月 10 日 02 时 20 分 170C01 冲转，机组运行正常</td></tr>
<tr><td colspan="4">三、故障影响和后果</td></tr>
<tr><td colspan="4">本次事故造成净化二系列开工延迟 24h，每小时减少甲醇产量约 120t，共计减少甲醇产量 2880t。造成经济效益损失：以每吨甲醇利润 100 元计算，造成经济损失 2880×100＝288000 元。施工主材：更换主推力瓦一副，69000 元；施工抢修预计外委费：动设备，30 万元；仪表，10.5 万元。直接经济损失：762000 元</td></tr>
</table>

续表

四、缺陷根原因分析

1. 缺陷树分析图

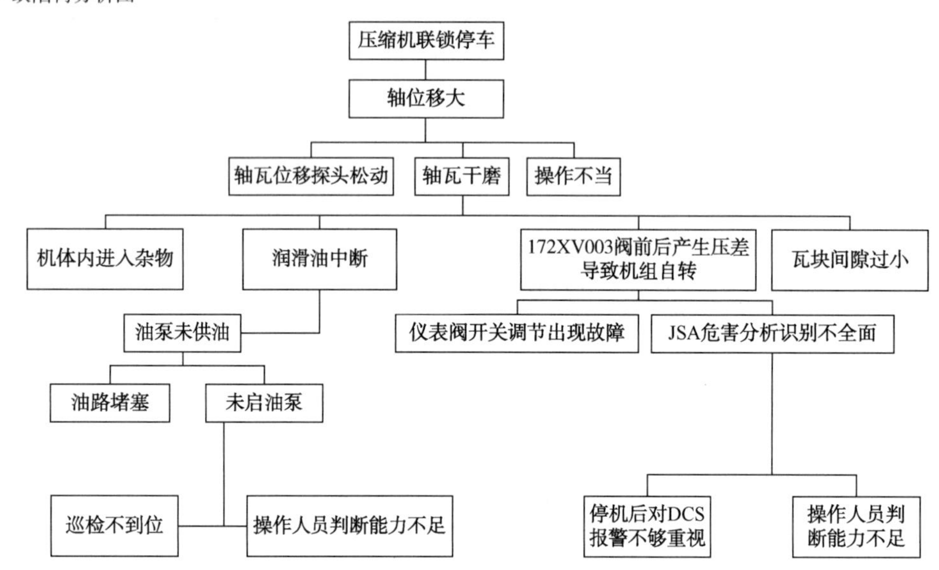

原因验证表

序号	原因	验证说明(方法)	验证结果	是否根原因
1	轴瓦位移探头松动	现场仪表检查	未发现松动	否
2	轴瓦干磨	主推力瓦温度，瓦块间隙，瓦块与轴间隙，瓦块磨损情况	主推力瓦温度高报，瓦块磨损严重	是
3	操作不当	对应工况调整情况	未在压缩机自转前启动油泵	是
4	机体内进入杂物	开盖检查	无杂物	否
5	瓦块间隙过小	测量瓦块间隙	间隙正常	否
6	油泵未供油	油泵启动情况	未启泵	是
7	仪表阀开关调节出现故障	现场仪表检查	开关调试正常	否
8	JSA危害分析识别不全面	现场技术交底内容检查、JSA分析内容检查、票证检查	JSA分析内容未涉及仪表阀前后存在压差处理措施	是

2. 根原因类别

设计选型不合理		工艺条件不当	
配件质量不合格		操作不当	√
原始安装调试问题		培训不到位	√
检修质量问题		操作规程不合理	
使用周期长原因		管理制度不合理	
其他	检修调试前JSA分析不充分，票证未做到一点一票		

续表

五、下一步整改行动和预防策略

1. 设备、配件技术改进

序号	根原因	措施	负责人	计划完成时间	实际完成时间	实际完成确认人

2. 运行条件、操作工艺改变

序号	根原因	措施	负责人	计划完成时间	实际完成时间	实际完成确认人
1						
2						
3						

3. 管理改进

序号	根原因	措施	负责人	计划完成时间	实际完成时间	实际完成确认人
1	操作人员判断能力不足	把本次故障做成分析案例，对班组进行培训		2021年8月30日		
2	票证管理不到位，未严格落实一点一票，一票一交底制度	仪表专业作业票严格按照制度执行，实行一点一票		2021年8月30日		
3	JSA风险识别不全面，作业环节把关不到位，重要阀门未及时上报审批	阀门调试进行分级管理，重要阀门调试，需上升装置主任审批		2021年8月30日		

4. 预防性策略(RCM)

缺陷模式	预防策略	实施内容	时间间隔	实施人员	实施确认
	状态监测				
	定期维修				
	定期报废				
	机会检查/检修				
	隐性缺陷检测				
	其他				

附件 2　设备图

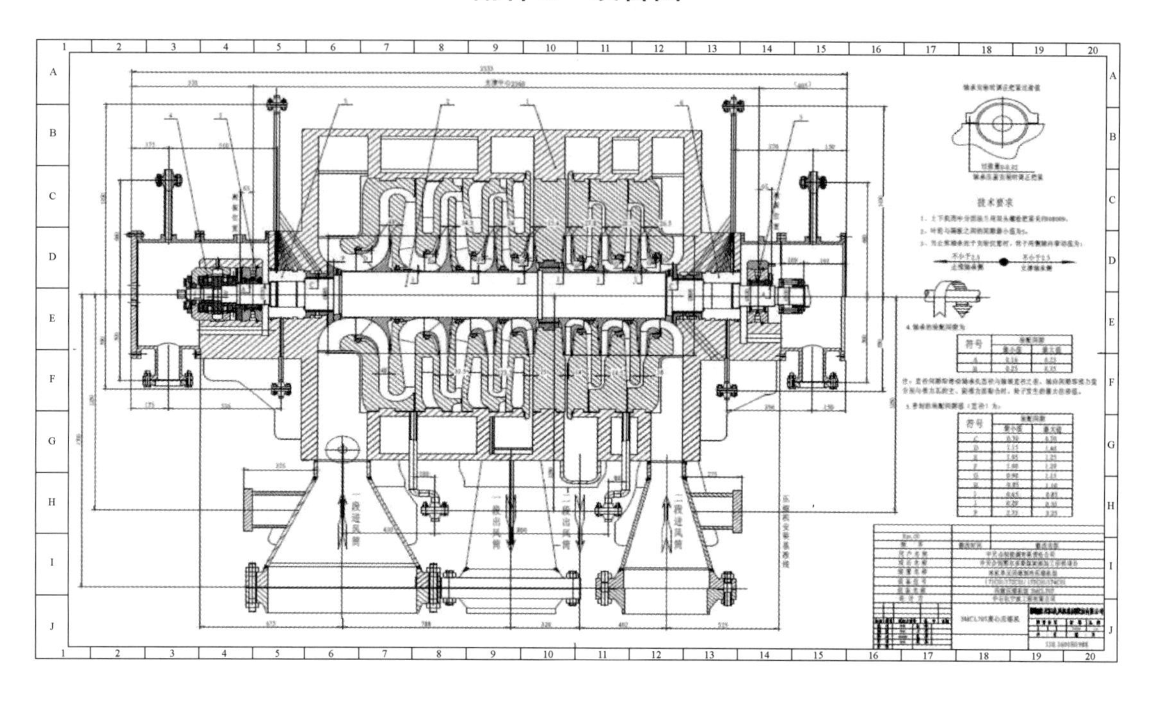

附件 3 部件清单

轴承及轴承箱					
○ 磁性轴承箱(2-2.7.1.12)					
径向	进口	出口	推力	工作面	非工作面
■ 型式	可倾瓦	可倾瓦	■ 型式	金斯伯雷式	金斯伯雷式
□ 制造厂	SBW	SBW	□ 制造厂	SBW	SBW
□ 长度(mm)			□ 单位载荷(最大)(BAR)		
□ 轴径(mm)	120	120	□ 单位载荷(极限)(BAR)		
□ 单位载荷(实际/许用)			□ 面积(mm²)	9.0′	9.0′
□ 瓦体材质	碳钢	碳钢	□ 瓦块数	6	6
□ 巴氏合金厚度(mm)	1.5	1.5	□ 支点：中心/偏心，%	中心	中心
□ 瓦块数	5	5	□ 瓦体材质	碳钢	碳钢
□ 载荷(瓦块间/瓦块上)	瓦块间	瓦块间		○ 铜座支撑(2–2.7.3.7)	
□ 支点：中心/偏心，%	中心	中心	润滑：	● 溢流	○ 直供式(2–2.7.3.6)
瓦块材质	○（2-2.7.2.2）	○（2-2.7.2.3）	推力盘：	○ 整体	● 可拆式

一、故障概述

合成装置冰机 K-1503 由中压透平 KT-1503 驱动，因轴位移过大，联锁停车。

二、故障过程

2021 年 1 月 12 日，合成装置冰机 K-1503 干气密封改造检修结束，20 日 9 时 30 分 K-1503 冰机冲转开车；冰机轴位移 151ZT076A/B 在运行中出现增大现象，由 -0.19/-0.19mm 逐渐上涨，24 日 K-1503 转速在 9160r/min 左右，出口压力 1.34MPa 左右，151ZT076A/B 轴位移在-0.28/-0.27 左右，18 时 38 分 K-1503 ZT076A/B 轴位移达联锁值-0.3mm，引发 I570 联锁动作，机组停车。停车后机组按紧急停车处理，缸体泄压，机组重新复位，于 19 时 40 分机组冲转开车，升速至下限后通过交替升速、关小防喘振阀、缓慢开启一、二段进口阀，控制干气密封压差大于 0.2MPa，直至一、二段进口阀全开，合成系统逐渐恢复正常运行。由于冰机跳车，期间合成系统降低负荷，部分合成气通过 145PV023A 放空，合成氨冷器蒸发出的气氨排火炬放空。

三、故障原因分析

检修期间，施工单位及作业部、电仪中心对施工过程中检修质量把控不严，对轴向窜量、仪表位移探头零位对中没有反复校对，导致位移仪表零位不准，从而留下隐患。导致位移仪表零位不准，机组运行中位移出现指示增大进而引起联锁动作。同时，岗位操作人员在盯表时没有及时发现轴位移的变化而采取相应措施避免跳车发生。

四、故障处理措施

为防止轴位移再次变化增大到联锁值，引起机组跳车，于 1 月 25 日将主联锁 I570 原因侧之一的 151ZT076A/B 点联锁值由-0.3~+0.6mm 改为-0.4~+0.6mm，并办理联锁变更手续；并拟在 2021 年 8 月化工一部停工检修期间对 K-1503 冰机拆两侧轴承箱及联轴节，复核轴向窜量，调整轴位移探头零位对中，重新安装探头。

第二章　蒸汽透平

一、故障概述

合成装置合成气压缩机是意大利新比隆公司生产的蒸汽透平驱动的压缩机，2002 年 3 月投入运行。2016 年 3 月 27 日到 8 月 11 日，该机组监控发现合成装置合成气压缩机 TK-601 一监测点 VI26602Y(低压端)共发生振幅超 40μm 以上 71 次(正常振动值在 30μm 以内)，最高振动幅值为 93μm(低压边 Y 方向)，5 月下旬间歇振动发生频繁。8 月 8 日、8 月 11 日分别出现两次超过振动报警值(84μm)的间歇振动，8 月 8 日，低压端 Y 方向最高振幅为 93μm，8 月 11 日低压端 Y 方向最高振幅为 91μm，并且汽轮机其他三个点振动也同步上升。

二、故障过程

伴随蒸汽透平 TK-601 低压端振动 VI26602Y 间歇性波动，还存在轴封漏汽现象。2017 年 11 月计划停机大修，解体检查发现转子和汽封有摩擦痕迹。

检修处理：更换备用转子，更换轴端汽封，修复级间汽封齿，转子与汽缸找同心。

三、故障机理分析

(1) 间歇振动产生首先在低压端 X 方向激发产生，并带动高压端 Y 方向的振动升高。

(2) 频谱上显示低压端间歇振动产生时的频谱，主频为工频，其他频谱所占比例很小。

(3) 高低压端振动轴心轨迹为椭圆形，进动方向为正进动，振动波形为正弦波。

四、故障原因分析

通过 3500 系统采集的数据与两个摩擦案例的分析，初步诊断目前导致 TK-601 间歇振动升高的原因是可能由于动静部件摩擦或转子结垢引起的。动静摩擦是诱发本机组故障的主要因素，摩擦部位可能是端部汽封或油封，也有可能是轴承。

主要依据如下：

(1) 摩擦故障(特别是初期)的典型特征是振动不稳定，振幅可能会出现长时间的波动。振动波动正是本机组的典型特征。

(2) 从频谱图上可以看出，振动幅值变化主要反映在工频分量上，约占 96%，说明引起振动的激振力的性质类似于不平衡力。

(3) 振动波动时，幅值增大是慢慢爬升上去的，幅值减小同样也是慢慢降下来的。一次波动所持续的时间为7~22min。

(4) 故障诱发因素分析

本机组汽轮机已运行3年多，2012年8月本机组停机进行检修，机组经过多次开车、停车，汽缸或轴承及进汽管线存在的应力释放可能出现膨胀、跑位或变形，导致转子与缸体不同心，即轴不在其几何中心线内旋转，改变了原来合理的动静间隙，一侧间隙偏大，一侧间隙偏小，因间隙不均匀而产生气流激振(蒸汽涡动)，从而在间隙较小侧产生轻微摩擦振动，此类振动具有不稳定性。

五、故障处理措施

更换备用转子，更换轴端汽封，修复级间汽封齿，转子与汽缸找同心。对进、排汽管道弹簧支吊架进行复核更换，尽量消除管道应力对本体的影响。检查进汽管线法兰缝隙是否均匀、管道膨胀位移，确定应力源激发点的位置并进行改造。

六、管理提升措施

(1) 重视滑销系统的作用和管道系统的影响，保持机组自由膨胀。

(2) 转子及其他零部件送专业厂家修理时要做好跟踪和记录工作。

七、实施效果

2017年12月13日，机组检修后试车，运行正常。在此后3年运行周期内未出现振动间歇性波动的问题。

案例二十二 乙烯装置裂解气压缩机组联锁停机故障案例

一、故障概述

2015 年 3 月 27 日 8 时 13 分，乙烯装置裂解气压缩机 GB/T-1201 转速由 6980r/min 开始下降，汽轮机高压蒸汽用量由 100t/h 开始下降；至 8 时 34 分 14 秒，高压蒸汽量降至 42t/h，转速降至 4975r/min，8 时 34 分 27 秒转速降至 300r/min 以下，此时调速器发出联锁停机信号，机组停车。见图 22-1。

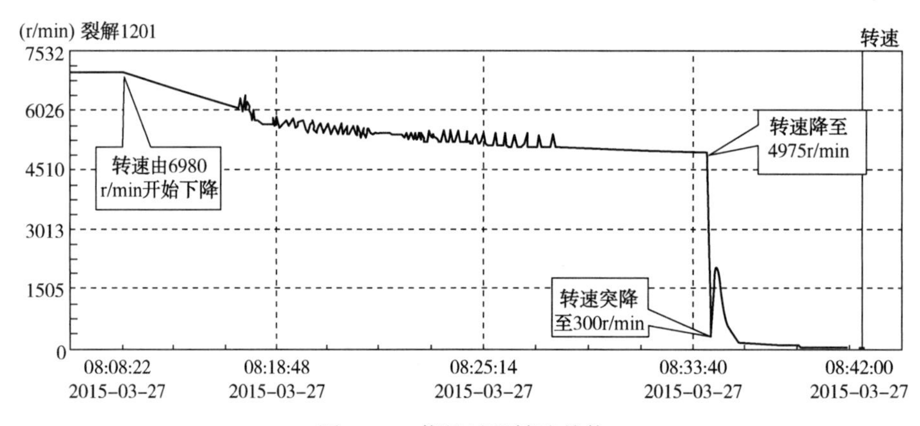

图 22-1　停机过程转速趋势

二、故障过程

转速下降期间，设备技术人员检查室内调速器输出开度 100%，机组轴振动、轴瓦温度、轴位移趋势无异常；现场检查润滑油、调速油及密封油压力正常，调节汽阀开度 100%。

停车后，设备技术人员检查机组调速控制系统，进行静态试验，调速器输出与现场电液转换器、调节汽阀开度线性良好，未见异常；检查润滑油路，并更换润滑油过滤器滤芯，未见异常；检查进汽主隔离阀，未见异常；对主汽阀进行速关试验，发现主汽阀在关闭过程中存在卡涩现象。

仪表技术人员检查转速下降前未发现有停车信号输入；检查 WOODWARD 505 调速器及 723 后备系统，控制正确；检查控制油电磁阀 XV-12041，动作正常；校验润滑油压力开关 PAK12019L，联锁动作值与设定值一致，未发现异常；对调速器及相关回路端子排进行紧固，无松动情况。

三、故障机理分析

自立阀卡涩造成油压波动，导致主汽阀关闭。

四、故障原因分析

从停车过程分析，高压蒸汽进汽量的大幅下降是导致 GB/T-1201 转速下降直至停车的直接原因。高压蒸汽进汽量下降的原因可能有：蒸汽管网供汽量下降；进汽主隔离阀故障关闭；汽轮机主汽阀故障关闭；调节汽阀故障关闭。通过排查，蒸汽管网供汽平稳，进汽主隔离阀和汽轮机调节汽阀工作正常。初步分析主汽阀故障关闭是导致机组停车的主要原因。

主汽阀故障关闭的原因可能为控制油系统存在瞬间波动，当主汽阀速关油压下降到一定程度后，使得泄油止逆阀打开，造成阀门关闭。控制油压力波动的原因初步分析是润滑油总管自立式调节阀卡涩，调节不及时导致控制油系统产生波动。

五、故障处理措施

（1）更换润滑系统自立式调节阀后，经过各专业的联合检查，确认机组可以进行启动。18 时 30 分，GB/T-1201 具备开车条件，低速暖机；19 时 50 分，升速至调速器最小控制转速，装置运行逐渐恢复正常。在机组升速过程中，检查调速器输出与现场调节汽阀开度吻合，利用听针检查汽轮机调节汽阀室，未发现异常声响，判断调节汽阀工作正常。

（2）利用大检修机会对调速系统及主汽阀进行全面检查处理，消除故障隐患。

六、管理提升措施

（1）每 3 个月对润滑油泵及驱动透平进行检查维护，对油站自立式调节阀进行校验整定，并在阀杆处滴油润滑，保证自立式调节阀动作灵活，进而保障调速系统的运行稳定。

（2）每月对机组润滑油清洁度进行分析，发现不合格及时采取过滤、置换措施。

（3）密切关注速关油压等在室内无法监测的参数，并将此类参数作为现场巡检记录的重点，对主汽阀阀位及机械锁紧部件的位置进行标记，列入日常巡检内容，及时发现并记录主汽阀异常情况。

（4）按照设备操作规程要求，每半年对机组主汽阀进行活动试验。

（5）鉴于 GB/T-1201 速关油压等信号无趋势记录可查，不便于故障原因分析，建议将此类关键信号引入 DCS，以便实现实时监控。

七、实施效果

问题得到解决，未出现过类似故障。

一、故障概述

2015年6月19日4时15分，化工一厂乙烯装置裂解气压缩机GB/T-201的ITCC系统中蒸汽透平调速阀位开始波动，透平抽汽量随之发生变化。4时21分压缩机转速出现波动，且蒸汽透平各运行参数异常波动范围越来越大，调速阀位输出波动范围为83%～100%，抽汽阀位输出波动范围为94%～100%，透平抽汽量波动范围为0～120t/h。4时44分，压缩机转速降至300r/min直至停车。

二、故障过程

裂解气压缩机距离上次检修已运行近4年时间，停车前压缩机组运行基本正常。检查SOE记录，无联锁信号触发导致机组停机。在整个波动过程中，现场调速油压、透平复水量无明显变化，抽汽阀位输出波动较小，抽汽量变化剧烈，说明调速阀现场开度剧烈波动，透平进汽量发生较大波动。

三、故障机理分析

检查GB/T-201在用油品(长城L-TSA32)近半年质检分析情况(包括黏度、酸值、闪点、机杂、水分、清洁度)，分析结果均合格。

故障发生后，委托专业检测公司对GB/T-201在用油品进行MPC值(漆膜倾向指数)分析，检测结果为49。根据相关研究MPC值大于30时说明油品易氧化变质，容易形成油泥、漆膜等物质。调速阀、抽汽阀电液转换器送调速器专业检修公司拆检，发现阀芯、内壁上有黑色污垢，专业机构对油垢进行分析，结果为：C：75.99%(质量)，H：12.47%(质量)，S：0.23%(质量)，N：1.32%(质量)，成分与油品氧化后生成的变质聚合物产物类似。

初步分析润滑油油垢产生的原因为：

(1) 机组自2011年检修后已运行4年时间，油品长时间使用后，抗氧剂逐渐消耗，在氧化及摩擦的作用下，润滑油中油泥、胶质物含量升高，最终导致MPC升高，漆膜、油泥含量超标并在控制阀处积聚。

（2）可能存在机体内的裂解气进入油气分离器并污染密封油、加速油品老化变质的情况。

该机组自安装开车后一直存在高压缸密封气压差建立不起来的问题，造成密封气无法注入机体，经过与专家讨论认为原浮环密封的密封气设计不合理，高压缸平衡管是从四段出口引出到五段出口平衡盘后，造成两端密封腔工作情况不同。根据机组厂家提供的改造方案，在高压缸密封气管线上加一道阀门，通过阀门来调节密封气和机体内工艺气的压差，但效果不理想。可能存在部分机体内的裂解气进入密封油系统，被污染的密封油进入整个油系统加速了油品的氧化变质。

四、故障原因分析

1. 直接原因

油品变质产生的污垢在电液转换器阀芯处聚集，导致电液转换器的阀芯在调节时发生卡涩，调速阀现场开度剧烈波动，机组转速随之大幅度波动，调速阀现场全关导致压缩机停车。

2. 间接原因

对汽轮机油老化情况监测及与裂解气接触情况下的适用性认知不足，除常规五项、清洁度及氧化安定性、抗乳化性分析外，未采用MPC（漆膜指数）等监测手段对润滑油品质进行深入监测，未及时发现并处理油品变质问题。

五、故障处理措施

经过抢修，机组于6月20日4时10分开始暖机，5时10分升速，装置调整恢复生产。

（1）关键机组对在用润滑油进行置换并使用高精度滤油机在线过滤，保证油品的清洁度。

（2）对GB/T-201蒸汽入口隔离阀增加气动驱动机构，以实现故障情况下快速的关闭，保护压缩机组安全。

（3）优化调整GB/T-201密封气、密封油系统，防止对润滑油造成污染。每月定期对GB/T-201润滑油箱脱气罐进行排油检查，及时发现异常情况。

六、管理提升措施

（1）加强在用润滑油监控，在每月油品常规五项及清洁度分析检验的基础上，每季度增加一次油品MPC（漆膜指数）监测，发现上升趋势立即采取置换部分润滑油的措施，直至MPC恢复正常状态。

（2）日常巡检中加强对调速及抽汽系统的检查，重点关注电液转换器、油动机、调速阀及抽汽阀，调速油电磁阀的运行情况。

(3) 完善压缩机组大修的方案，将润滑系统的检查清理作为一项重点工作，对润滑油系统管路，油气分离器，润滑油箱及脱气罐等部位进行彻底的检查清理。

(4) 在大检修时对电液转换器、紧急跳闸装置及电磁阀等部件进行彻底检查处理。对主汽阀油缸进行解体检查，消除存在的隐患。

七、实施效果

问题得到解决，未出现过类似故障。

一、故障概述

2019 年 8 月 28 日 9 时 54 分 32 秒，乙烯装置裂解气压缩机透平轴位移 ZA12011A 报警灯亮，9 时 55 分 33 秒，ZA12011B 报警灯亮，GB/T-1201 因轴位移高(联锁值为 635μm)联锁停机。

二、故障过程

8 月 28 日，装置计划对老区裂解炉 BA-112 和新区裂解炉 BA-1104 切换，计划对新区裂解气压缩机进行降负荷处理，同时在装置负荷调整完毕后通过蒸汽系统调整外接高压蒸汽用量，具备二热力 1#停机检修其风机振动的问题，联锁前分离单元为降低外接高压蒸汽用量将老区裂解气压缩机一段吸入压力由 57kPa 逐渐提高至 67kPa，新区裂解气压缩机控制在 77kPa 不变，由于新老区裂解气压缩机入口存在跨线，导致新区裂解气压缩机负荷增大，三段出口裂解气量增大至 70km^3/h(设计值 49. 57km^3/h，控制范围 36~75km^3/h)，新区裂解气压缩机转速升高至 7168r/min(最大控制转速 8330r/min，电子超速为 8996r/min)，排查 GT-1201 入口 SS 温度、压力，背压 MS 温度、压力均处在正常范围，且无明显波动，蒸汽用量 117t/h(额定值为 114t/h)。对透平本体的振动位移、轴瓦温度等进行排查，排查结果正常，另外对压缩机 GB-1201 的各项参数进行了排查，包括轴瓦温度、振动、位移等，均未发生明显变化，可排除压缩机造成的影响。

三、故障机理分析

透平负荷增大，超过推力瓦的承受力，导致推力瓦磨损，引起联锁停机。

四、故障原因分析

8 月 28 日停机后，发现汽机轴位移达到 905μm，联锁值为 635μm，报警值为 500μm，远超过正常值，因此决定停机检查。拆轴承箱，发现主推力瓦严重磨损、瓦架注油喷嘴轻微磨损、部分注油孔堵塞，其他轴瓦等部件未见异常。

GT-1201 透平设计参数和运行实际值进行了核对，分析原因可能为透平负荷增大，超过推力瓦的承受力，推力瓦磨损，进而造成 GT-1201 轴位移升高出现联锁停机。

五、故障处理措施

更换推力瓦。

六、管理提升措施

（1）工艺人员与设备人员经过多番讨论最终明确机组透平工艺操作范围：透平端测点轴位移不得超465μm。

（2）蒸汽用量不得超110t/h，在进行机组负荷调整时，要精心操作，避免机组运行状态大幅度波动。

七、实施效果

问题得到解决，机组运行正常。

案例二十五 乙二醇装置蒸汽透平异常振动故障案例

一、故障概述

自 2021 年 10 月底开始，乙二醇装置蒸汽透平 CT-115 轴振动出现异常波动，轴位移无明显变化，压缩机侧 4 个测点均无明显变化。自 2021 年 12 月中旬起，透平振动波动越来越频繁，最频繁时每天发生 4~5 次，最大可见幅值达到报警值。轴封冷凝器导淋无液体排出。

通过外置实时在线状态监仪跟踪采集轴心轨迹数据，分析结果为反进动。

经研究决定，2022 年 1 月计划停机检修。1 月 10 日停机，1 月 11 日开始透平揭盖检修，按计划检修 8 天，19 日透平单试，21 日机组联试。单试联试均一次成功，开机后各参数均正常。

二、故障过程

自 2021 年 10 月底开始，CT-115 轴瓦振动 XI101AH/V（高压侧），XI101BH/V（低压侧）测点出现波动，其中 XI101AH/V 表现最为强烈，XI101BH/V 出现同步小幅波动，时有出现不同步的波动，轴位移无明显变化，压缩机侧 4 个测点均无明显变化。见图 25-1。

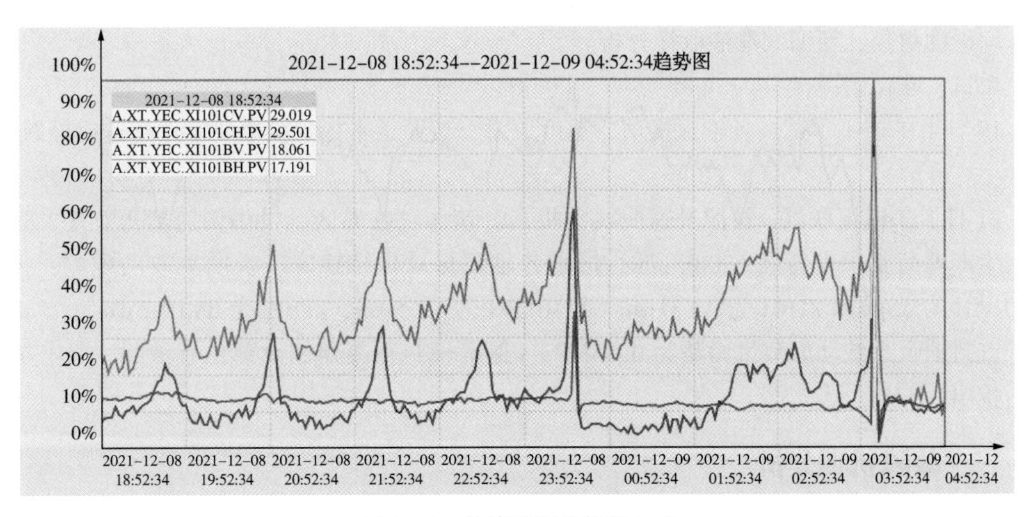

图 25-1 故障过程趋势图（一）

波动最频繁时每天发生 4~5 次，且在一天的时间内呈不规则分布，经观察夜间发生多于白天。波动次数每天 1 次左右。透平 A 点测点正常值约 30μm，波动峰值普遍在 46μm 左右，最高值达 54μm，B 点小幅波动。轴封冷凝器导淋无液体排出。见图 25-2。

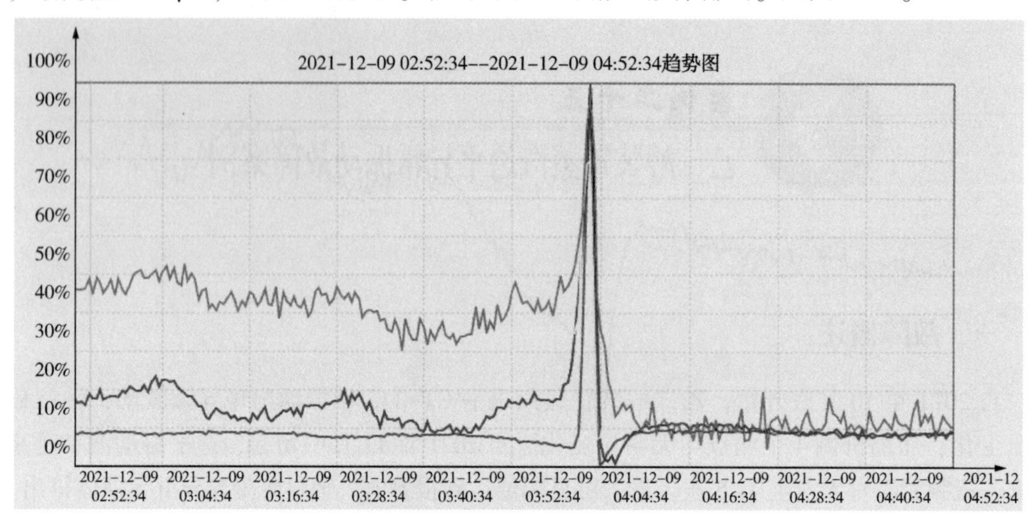

图 25-2　故障过程趋势图(二)

自 2021 年 12 月中旬起，透平振动越来越频繁，最大可见幅值 58(报警值 57、联锁值 87)μm，101BH/BV 小幅波动，轴位移无明显变化，压缩机 4 个振动测点无变化。波动最频繁时每天发生 4~5 次，正常时每天 1~2 次，出现时间无规律。振动趋势呈现缓慢上升、快速下降至正常的趋势。振动频谱分析为反进动，判断可能有碰磨。2022 年 1 月计划停机检修。

拆检情况：

透平油封梳齿部位靠近机体侧发现有积炭，高压侧积炭较多硬度较大。轴瓦着色检测正常，各部位汽封齿正常。汽封冷却器试压发现 1 根管束泄漏，机体内部各部间隙复核正常。润滑油更换，新旧润滑油取样分析。

单试、联试情况：

19 日下午透平单试，各轴瓦振动、温度正常，按照透平揭盖检修要求作超速机械跳闸，正常。

21 日上午机组联试，按照升速曲线暖机、升速、过临界区、投用调速器等工序，最终根据生产负荷要求保持在 6900r/min，透平各轴瓦振动保持稳定，未发生波动现象，振动 XI101AH 为 35μm、ZI101 为 AV31μm、XI101BH 为 17. 5μm、ZI101 为 BV10. 5μm。

汽封抽吸系统动力蒸汽调整为 0. 55MPa，保证轴封冷凝器倒淋部位有液封，且有凝液间断排出。

三、故障机理分析

2021 年 12 月报告结论为反进动。

图 25-3 为汽轮机非驱动端(高压侧)振动趋势图，正常幅值在 30μm 左右，波动时刻达到 55μm 左右，工频幅值占主导成分，含有 2 倍、3 倍频谐波。

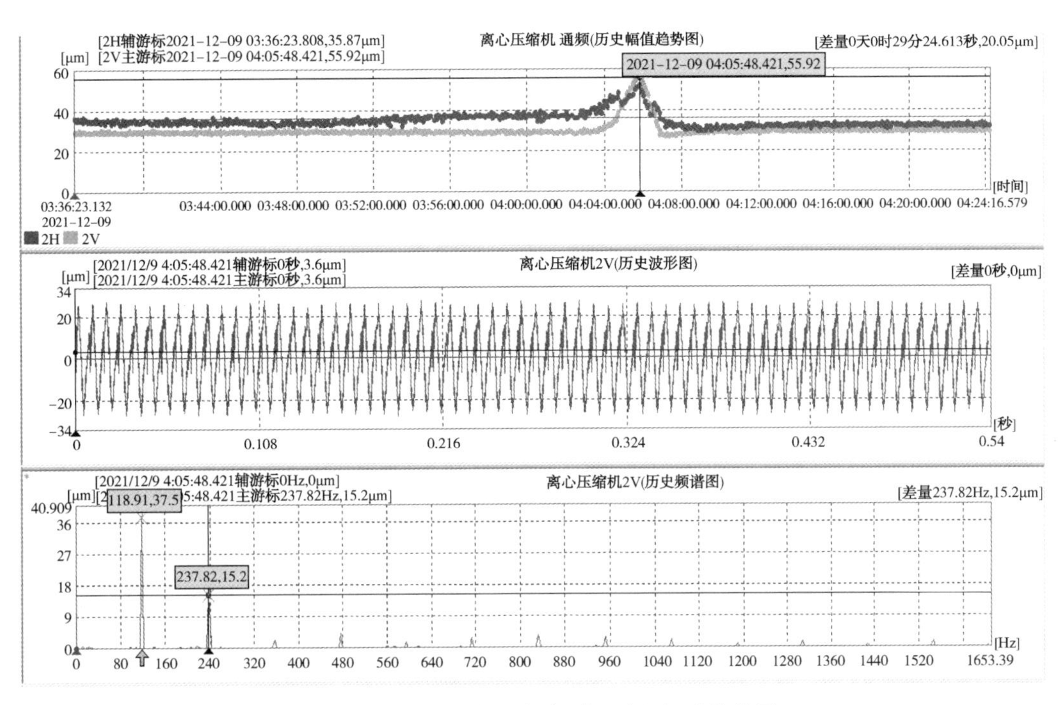

图 25-3 汽轮机非驱动端(高压侧)振动趋势图

图 25-4 为汽轮机驱动端振动趋势图，正常幅值在 18μm 左右，波动时刻达到 23μm 左右，工频幅值占主导成分，含有 2 倍、3 倍频谐波。

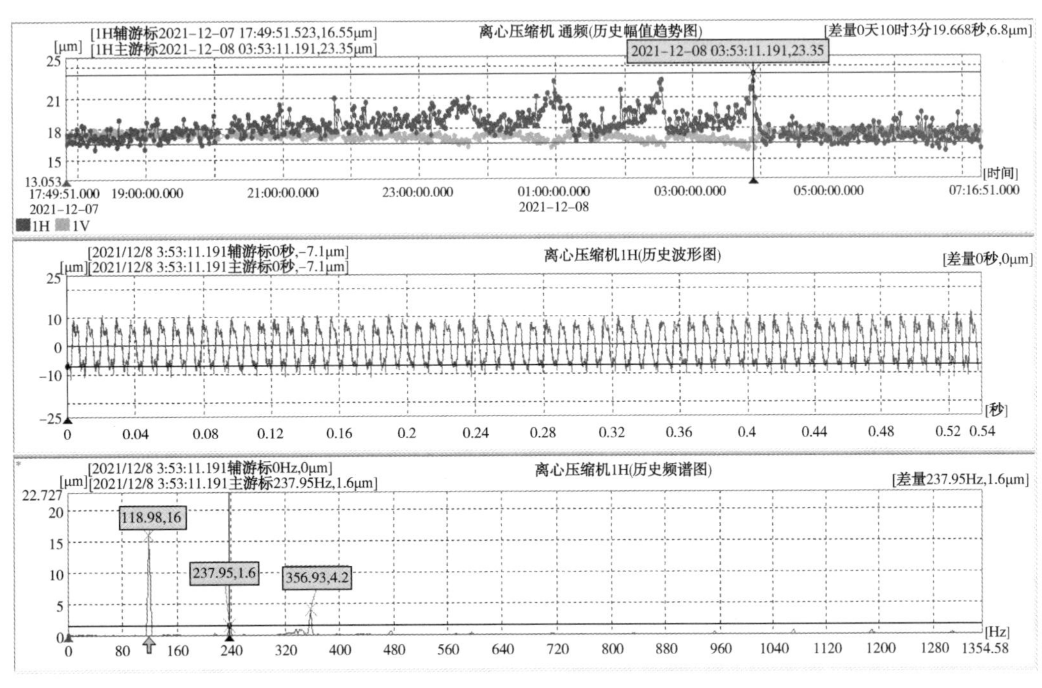

图 25-4 汽轮机驱动端振动趋势图

图 25-5 为汽轮机两端轴心轨迹图，振动波动时轴心轨迹变成不规则形状。第三张图为非驱动端轴心位置图，可见振动波动时刻，轴心位置向左上方移动。

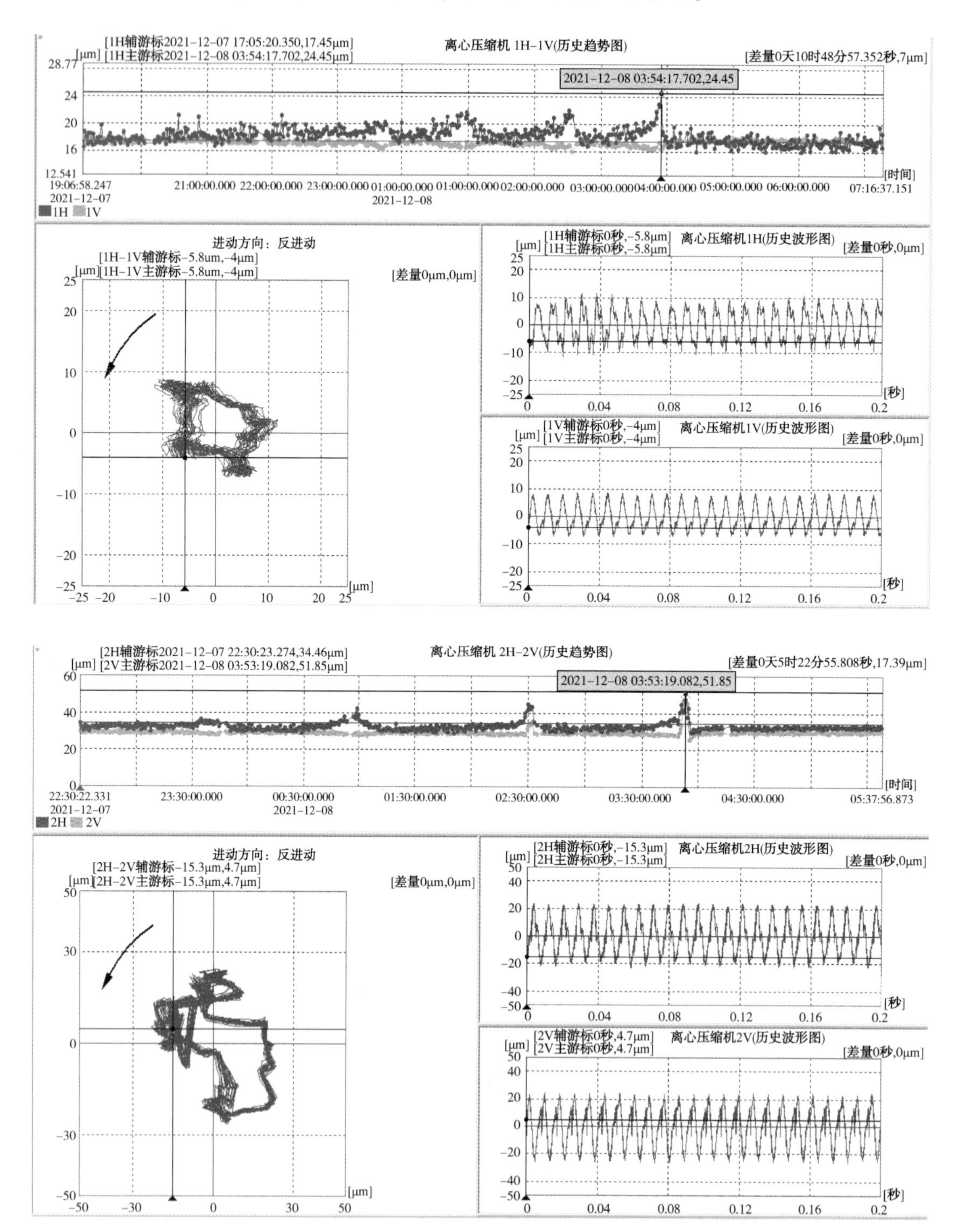

图 25-5　汽轮机两端轴心轨迹图

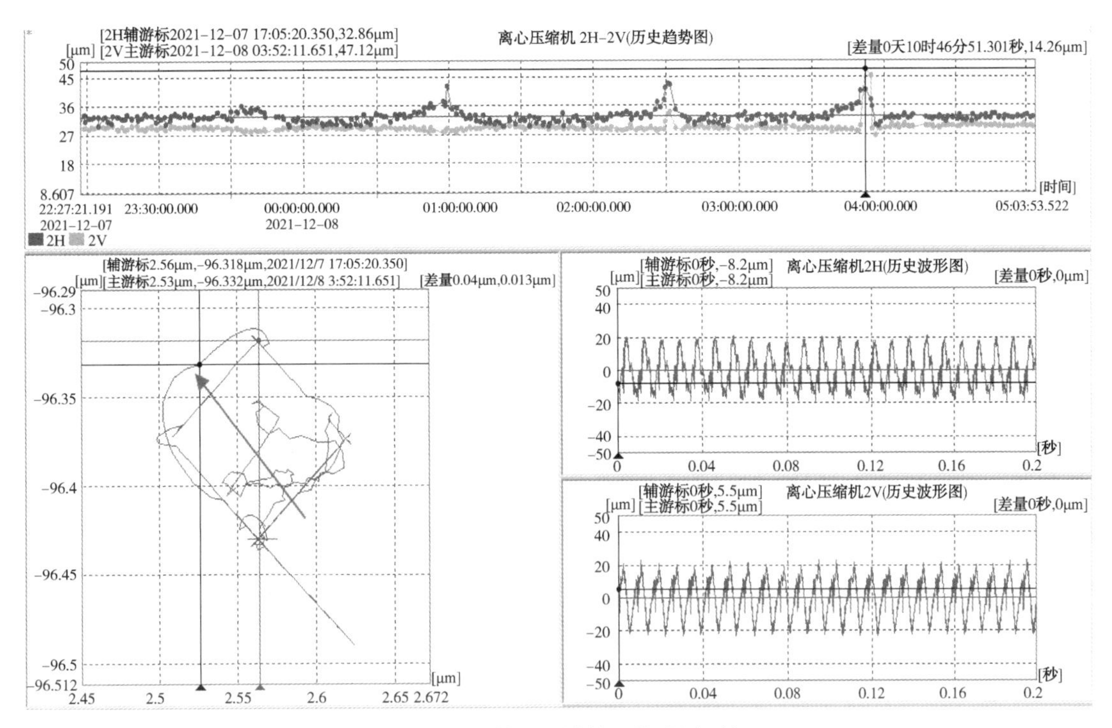

图 25-5 汽轮机两端轴心轨迹图(续)

根据以上情况，分析判断振动波动的主要原因可能是汽轮机出现了轻微动静碰磨。

四、故障原因分析

1. 直接原因

透平轴在轴承箱近透平侧油封处积炭结焦(图 25-6)，间断性脱落碰磨或者直接间断性碰磨，透平振动波动，高压侧积炭较严重，厚度约 0.9mm，验证了高压侧振动波动较大。

图 25-6 高压侧油封处积炭

2. 间接原因

(1) 润滑油油品不佳，尤其在靠近透平高压侧轴承箱的高温辐射环境下，润滑油易炭化结焦。

（2）透平轴封泄漏蒸汽抽吸效果不佳，是导致轴承箱轴封辐射热加大的直接原因。

图 25-7　轴封冷凝器1根列管泄漏

3. 根原因

轴封冷凝器1根列管泄漏（图25-7），是导致透平轴封泄漏蒸汽抽吸效果不佳的主要原因。

轴封冷凝器列管泄漏，冷却效果不佳，抽出的蒸汽得不到好的冷凝，轴封冷凝器底部的U形弯倒淋形不成持续性的、有效的水封，外部干燥的空气被持续性地吸入到换热器壳程，与抽吸下来的泄漏蒸汽混合后一并被真空泵抽出放空至大气。如此反复，透平轴封处泄漏蒸汽抽吸效果一直处于不佳的状态，透平轴封处温度较高，产生的辐射热直接影响到轴承箱油封，轴承箱油封梳齿间的润滑油长期在高温辐射热的炙烤下，炭化积聚。透平轴在高低压两侧轴承箱油封处均发现有积炭，高压侧积炭较多，厚度较厚，最厚达0.9mm。拆检发现高压侧油封梳齿内有较多的炭条。

如此多的积炭物质在运行过程中，透平转子轻微扰动后，轴上的结焦物无规律地与油封梳齿碰磨，或者结焦物无规律地脱落，脱落物在油封梳齿与轴之间捻磨，又或者已脱落的结焦物无规律地跑到油封梳齿与轴之间，在油封梳齿与轴之间捻磨等，体现出的表象是：透平机组轴振动无规律地、幅值时大时小地波动。冬季相对于夏季较频繁、幅值较大的原因：轴封冷凝器底部弯管长期未形成液封，换热器列管泄漏的水被真空泵的动力蒸汽汽化随动力蒸汽排至大气，冬季冷空气影响换热器壳程的真空度，透平轴封处的泄漏蒸汽被抽吸下来的量相对于夏季较少，冬季此处产生的辐射热较多，轴承箱油封处的积炭速率相较于夏季快，这点在实际运行中得到了体现，尤其是在环境温度变化较大，或者环境温度较低时体现最明显。

不能排除润滑油在运行过程中易析出析出物，并在较高辐射热下易结焦炭化的重要干扰因素。

4. 深层次原因

（1）关键机组特护管理不到位。关键机组特护管理不细致，未能及时发现机组运行时的异常，管理上存在一定的关键机组特护意识不足，在日常特护管理中未能及时发现轴封结焦积炭现象。

（2）换热器运行管理不到位，设备管理经验不足。轴封冷凝器组件中的换热器发现1根列管泄漏，是本次机组异常的根本原因所在，在机组运行异常，换热器底部倒淋U形弯处不能形成液封时，未能准确地判断出换热器可能存在列管泄漏。

（3）关键机组特护管理水平不高。在机组出现异常的期间内，未能及时组织各专业、各方面专家研究讨论出合适的解决方案，在机组的各项异常参数中，未能及时判断出轴封冷凝器的泄漏会影响到轴承箱油封积炭等关键性因素。关键机组特护管理水平不高。

五、故障处理措施

（1）加强透平轴封冷凝器组件的运行状况管理，定期对轴封冷凝器上水、回水温度及换热器壳程外表温度进行监测；定期检查轴封冷凝器底部U形弯液封是否正常。

（2）2022年大检修期间，按设计压力1.25倍进行换热器强度水压试验，高压侧轴承箱增设呼吸帽。

六、管理提升措施

（1）严格执行大机组特护要求，深刻理解“回归体系抓管理”的管理要求，落实各专业既定职责。

（2）提升设备管理专业人员的故障分析能力，对透平的运行机理、常见故障原因等进行系统的学习和能力提升。

七、实施效果

（1）2022年1月21日开机至2022年3月4日大检修停机，期间机组运行平稳，无异常振动波动，轴封冷凝器导淋持续有水排出，各项运行参数均正常。

（2）大检修期间压缩机揭盖检修、透平不揭盖检修，2022年5月30日、31日透平单试、机组联试均正常。

一、故障概述

乙烯装置裂解气压缩机 GB-201 因汽轮机轴位移 ZT 25001A/B/C 同时突然触发高高联锁停机（HH=±0.7mm，三取二），裂解炉快速降负荷至全部停进料，碳二加氢、碳三加氢、甲烷化反应器停车，乙烯、丙烯产品停出，丙烯制冷压缩机、二元制冷压缩机维持运转。

二、故障过程

2020 年 4 月 16 日 11 时 37 分，乙烯装置裂解气压缩机 GB-201 因汽轮机轴位移 ZT25001A/B/C 同时突然触发高高联锁停机。见图 26-1。

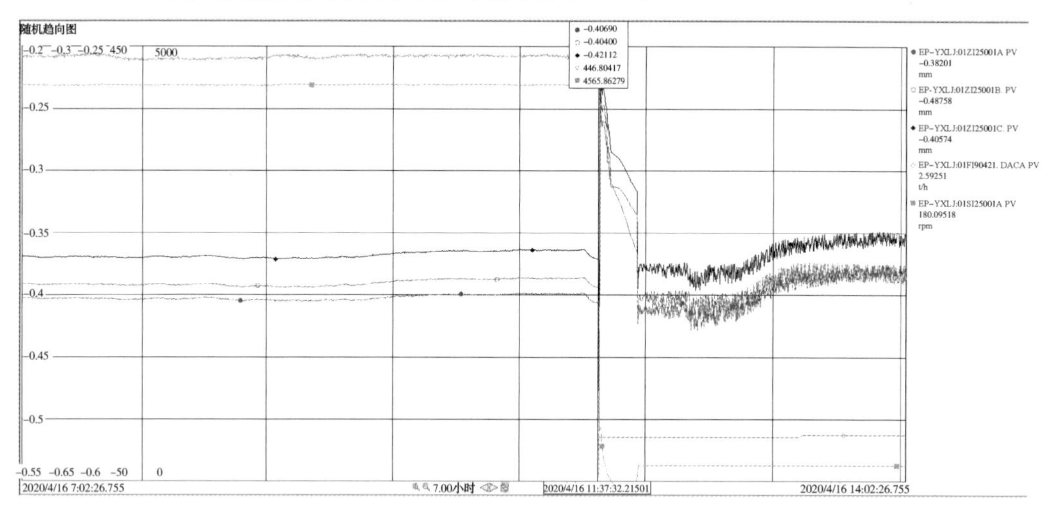

图 26-1　乙烯装置裂解气压缩机随机趋向图

16~19 日，裂解气压缩机透平 GB-201T 降温，裂解炉轮换烧焦。19 日拆检汽轮机轴承箱，20 日 10 时 50 分检修完成，17 时 15 分开始冲转，23 时 30 分 BA-112 开始投料；4 月 21 日凌晨继续投料，10 时 30 分乙烯产品合格采出，下午裂解炉恢复 6 台炉运行；22 日恢复裂解炉7+1 运行。23 日装置恢复 100%负荷，机组达到 100%负荷，各运行参数除主推瓦温度降低外，其他参数与停机前基本一致。

三、故障机理分析

裂解气压缩机驱动透平 GB-201T 为抽汽凝汽式蒸汽轮机，其运行时，叶轮每一级都有压降，动叶前后存在压差，都会产生与气流方向相同的轴向推力；隔板汽封间隙中漏汽也会使叶轮前后产生压差，从而产生与气流同向推力；蒸汽进入汽轮机膨胀做功，除了产生圆周力推动转子旋转外，还将产生与蒸汽气流相反的轴向推力。总轴向推力主要取决于叶轮前后的压差，其方向与气流在汽轮机内的流动方向相同。

该汽轮机轴向力主要通过平衡活塞平衡轴向推力，残余轴向力由推力轴承平衡。图 26-2 为 GB-201T 轴向平衡示意图。

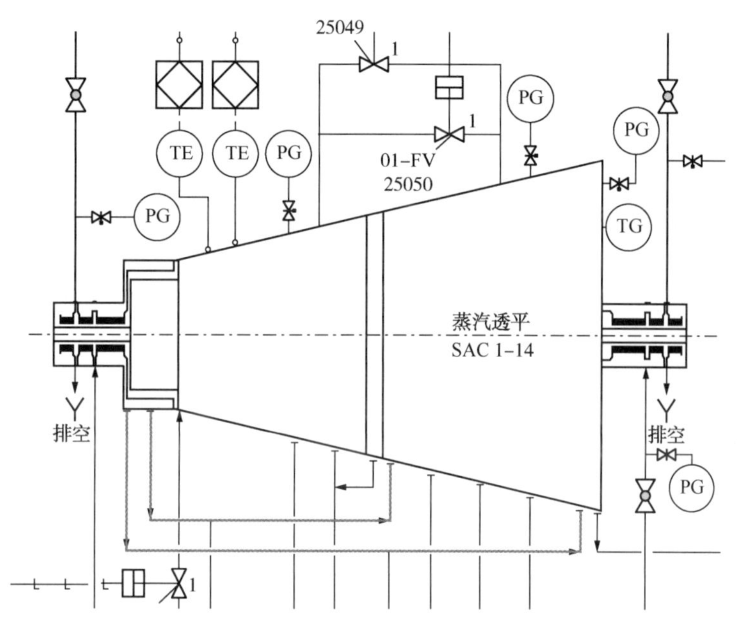

图 26-2　GB-201T 轴向力平衡示意图

根据 API-612 规定，推力轴承应按载荷不大于轴承制造厂给定的极限载荷额定值的 50%进行选择，原厂家新比隆公司设计时对汽轮机轴向力与推力轴承承载匹配计算错误，导致轴承选型偏小，机组运行时瓦块表面局部高温、结焦，造成油膜刚度差，轴向力平衡性能差。图 26-3 为不同工况下 GB-201T 的轴向力。

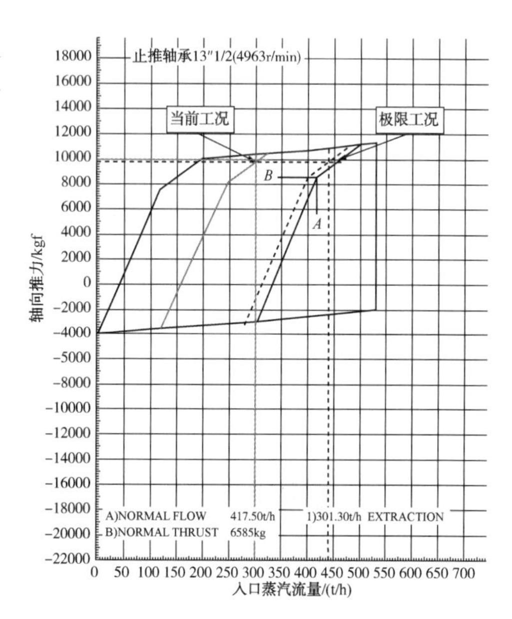

图 26-3　不同工况下 GB-201T 轴向力

四、故障原因分析

1. 直接原因

停机前汽机运行参数：主蒸汽量 446. 37t/h，抽汽量 288t/h，凝汽量 159. 36t/h，检查主蒸汽量、中抽量、转速、透平轴位移 7 天趋势，可见 4 月 11~4 月 15 日，进汽量提高 47. 2t/h，抽汽量提高 37.1t/h，转速提升 72r/min，除 4 月 11 日轴位移 ZI25001B 短时触发-0.5mm 报警，其余测点正常。压缩机及汽轮机各测点轴振动停机前未见波动。

压缩机干气密封参数正常。停机后检查压缩机各缸轴位移正常，透平轴位移突变触发联锁动作，时间 0.71s。检查压缩机、汽轮机各径向轴承、推力轴承温度、轴振动各测点停机前未见波动，压缩机干气密封各参数正常，蒸汽品质无明显波动。

对比各运行参数，无明显异常关联，联锁停机直接原因为推力轴承突发失效、轴位移突变联锁。

汽轮机额定功率 60280kW，正常负荷工况功率 47367kW，2018 年大修后长周期运行工况（主蒸汽量 401t/h，抽汽量 252t/h，凝汽量 160t/h）汽轮机负荷 52500kW，轴向力约 23000kg；联锁停机时（主蒸汽量 445t/h，抽汽量 287t/h，凝汽量 161t/h）汽轮机负荷约 55400kW，轴向力约 24800kg，均远高于 100%负荷及轴承正常承载力。不同工况下 GB-201T 功率曲线见图 26-4。

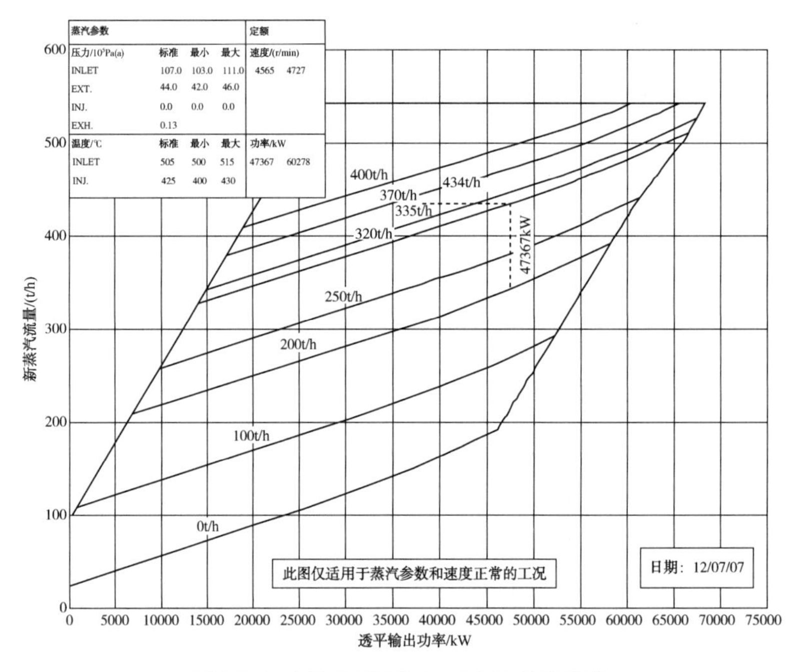

图 26-4 不同工况下 GB-201T 功率曲线

2. 间接原因

汽轮机负荷过高，转子轴向力长期大于轴承正常承载能力，轴承结焦，高负荷时轴承油膜失稳。

五、故障处理措施

拆检汽轮机前轴承箱发现：汽轮机主推力瓦面有结焦、瓦面磨损；推力盘的主推面局部磨损，与瓦块贴合处有环状凹痕。汽轮机副推力瓦面无明显磨损、结焦，推力盘副推力面正常；汽轮机驱动侧、非驱动侧径向轴承上瓦表面无明显结焦；检查现场电刷，发现刷毛已磨平。见图 26-5。

检查透平轴位移测点前置放大器、延伸电缆等未发现异常；检查汽轮机前端润滑油进油孔板、汽轮机平衡管疏水，未见异常。

检修内容：检修更换主推力瓦块，现场研磨修复推力盘主推力面；更换电刷；润滑油整体更换为 L-TSA 46，润滑油过滤器切换一组，滤芯检查未见异常。

图 26-5　汽轮机轴泵箱情况

六、管理提升措施

联锁停机检修开车后，汽轮机运行存在推力盘磨损局部承载的问题，残余轴向力及推力轴承未改变，仍然存在轴承承载能力不足问题，为此制定了以下应急措施：

1. 管理措施

（1）成立 GB-201 加强特护工作小组，以“日特护周讲评”模式进行机组特护。

（2）优化投退料、干燥器再生等操作，保证机组运行稳定。

（3）机组润滑油每月进行全成分分析，监控润滑油状态。

2. 工程技术措施

（1）使用除漆膜装置缓解漆膜生成，使用五类基础油降低轴承结焦风险。

（2）通过专业厂家进行轴承改型。

（3）制定接地电刷更换方案，结合停机检修更换接地电刷。

（4）进行 GB-201 推力轴承失效运行核算，制定降低残余轴向力方案。

3. 应急措施

（1）制定 GB-201 跳机或紧急停车事故处理预案；

（2）组织班组学习相关应急预案并进行应急处置演练。

七、实施效果

1. 加强特护工作成效

周讲评工作由特护小组成员中层副职及以上领导组织，并形成讲评备忘进行发布。截至 2021 年 5 月 20 日检修前，累计签发会议备忘 52 篇，机组状态分析 55 篇。

特护小组成员 24h 在线，每天核对、记录轮室压力、轴位移/振动、主汽阀刻度等参数，电仪、机动团队从专业层面检查分析，形成《特护数据运行记录表》，记录表中共 50 项内容，每一条参数除涉及报警、联锁值外，还根据机组运行工况讨论确定了运行控制范围；对汽轮机负荷及轴向力等风险体现最明显的参数形成趋势曲线进行跟踪。特护小组从公用工程系统、机组的吸入压力、转数、裂解炉投退料操作等几个方面进行比较苛刻的优化控制，制定出了《稳定运行控制参数跟踪表》。为防止机组运行中的紧急停机情况发生，制定了工艺、设备、电气、仪表、维保等各专业《运行维护及检修准备跟踪表》，检修改造进度跟踪项目共计40项，每周检修进度跟踪并汇报。

从2020年4月到2021年5月20日，GB-201在推力盘存在缺陷、推力轴承承载力不足情况下高负荷安全运行近400天，检修工作比原计划延后了124天。

2. 轴向力匹配改造成效

经过零备件备料、施工推演、提前施工、方案论证等准备工作，总体检修比计划提前27h交回。

2021年5月31日GB-201机组冲转、试车后，12时进入正式开车程序，15时32分达到最小操作转速，开始系统升压等工艺操作，6月1日乙烯产品合格后，机组逐步提升负荷，6月2日压缩机干气密封介质由氮气改至乙烯气，6月7日投用高压蒸汽抽汽系统，高压蒸汽抽汽量提至235t/h，6月8日停用开工抽汽器，机组整体运行平稳。随着负荷的增加，汽轮机功率为检修前功率的104.4%，为设计正常工况的108.3%，达到了改造效果。机组开机后轴位移由0.49mm明显降低至0.3mm左右，根据GE厂家提供的轴向力曲线图查询，轴向力明显降低，剩余风险为低风险，运行情况正常。

附件　根原因/失效分析报告

中国石油化工股份有限公司××××分公司管理体系			
故障分析报告			
记录编号	GZHLH-T6.101.00.025.2015	使用单位	机动部
故障发生时间：2020.4.16		填报人：	

故障经过及后果：

2020年4月16日11时37分，乙烯装置裂解气压缩机GB-201因汽轮机轴位移ZT25001A/B/C同时触发高高联锁停机(HH=±0.7mm，三取二)，裂解炉停运，产品停止输出，下游装置安排消缺或待料。

故障原因分析：

本次汽轮机轴位移联锁跳机的直接原因为推力轴承油膜突然失效导致轴瓦磨损损坏，综合影响因素有：

(1) 推力轴承承载性能不佳：机组高负荷运行工况下，轴向力平衡性能差，瓦块表面局部高温、结焦，油膜刚度差。

(2) 润滑油影响：润滑油泡沫特性数据偏高，影响油膜稳定性，在轴向力变化时导致油膜失稳。

(3) 静电影响：凝汽式汽轮机在运转时产生静电，在轴端可能积聚放电，影响轴承承载能力。电刷刷毛磨光后，接触性变差。

(4) 由于上述原因存在，机组高负荷运行工况下，负荷变化过程中轴向力变化造成油膜突然失稳，轴承载荷大幅增加，轴瓦过热损坏。

对策措施及落实情况：

(1) 制定乙烯装置负荷调整方案，尽量保持机组负荷稳定；优化机组负荷、抽汽量，减少机组轴向力。

(2) 加强润滑油各项指标的监控，建立漆膜倾向指数、抗氧化性、泡沫特性、磨粒等参数趋势图，关注变化趋势。

(3) 对该机组推力轴承从改进偏支角、瓦块扇形角、出油边、瓦块数量等方面改进提升推力轴承运行可靠性。远期结合停工检修综合评估改进方案，更换推力轴承。

(4) 加强电刷接地的日常检测。

(5) 成立GB-201特护小组，制定特护要求，完善特护项目，重点关注润滑油系统稳定、轮室压力、轴瓦温度变化趋势等。

验证记录：

(1) 已制定乙烯装置负荷调整方案，优化操作。

(2) 已制定润滑油各项指标的监控趋势图。

(3) 联系原厂家核算汽轮机负荷，分析停机原因。

(4) 已联系专业轴承厂家，重新设计核算推力轴承，给出改造方案。

(5) 开展接地电刷的日常检查。

(6) 成立GB-201特护小组，按要求开展特护。

验证人：　　　　年　月　日

一、故障概述

2019 年 8 月 1 日乙烯装置 K-501 汽轮机速关阀在建立速关油过程中，主调节汽阀(V1)抖动严重，并异常开启，速关阀不能正常打开。

二、故障过程

2018 年 12 月以来，K-501 汽轮机转速间歇性突然出现波动，波动幅度高达 80r/min。围绕 K-501 转速波动，烯烃部多次组织专家技术分析，判断问题主要集中在 K-501 汽轮机电液转换器或错油门。由于无法在线进行问题处理，K-501 汽轮机采取监护运行。

三、故障机理分析

22 时，组织专题会分析 K-501 不能正常启动原因，并制定相关措施。22 时 40 分检查速关组件上 3 台电磁阀线圈电阻 83Ω，线圈绝缘 OL，测量有信号时电压 24V，无信号时为 0V，其动作正常，各参数也正常。23 时 45 分，检查电液转换器，V1 阀和 V2 阀的电液转换器接线端子紧固情况正常，现场检测中控给的 4～20mA 信号正常，接线和回路无问题。为了进一步排除电液转换器故障，更换了两台新的电液转换器，更换后故障现象与前面相同。判断电液转换器没问题。

8 月 2 日 1 时 35 分，试验检测中，发现 V1 阀二次油管线及本体振动严重，V1 阀异常开启至 12%。因振动较大，V1 阀进油金属软管破损，金属软管使用周期偏长，存在老化现象。紧急启动预案，更换金属软管，由于没有非标的金属软管，重新安排制作。在此期间，关闭速关阀前 16in(1in=25.4mm)超高压蒸汽手阀。10 时，更换 V1 阀油路金属软管；11 时检修 V1 阀错油门，发现错油门上部单向推力轴承保持架破裂；拆卸错油门活塞，外观检查无异常；上套筒套顶开，套筒螺纹损坏。然后更换错油门活塞、推力轴承，套筒螺纹攻丝处理。16 时 20 分，检修完成；16 时 40 分静态调试 V1 阀、V2 阀；17 时 10 分零点校验合格；17 时 20 分开始手动开启速关阀前超高压蒸汽手阀。

四、故障原因分析

1. 直接原因

检查错油门本体，拆卸错油门上盖，发现上部单向推力轴承(8203)保持架破裂；拆卸错油门活塞，外观检查无异常；上套筒套顶开，套筒螺纹损坏。

K-501 主调节汽阀(V1)抖动及异常开启原因：错油门单向推力轴承保持架损坏，导致阀门抖动及油路管线晃动严重。另外主调节汽阀存在零点漂移现象，电液转换器电信号、油压信号、输出值不是比例关系。

2. 间接原因

该机组调节阀(VI)油动机在2016年大修时未进行清洗，局部检查发现有润滑油形成漆膜(漆膜 MPC13.6)，对推力轴承润滑有影响，错油门内表面清洁度不好，存在加工不精细。

3. 深层次原因

机组检修计划不全面，检修时没有对润滑位置进行清理；制造工艺存在隐患，内表面制作粗糙，加快了形成漆膜，进一步造成轴承损坏；管理、技术人员对机组的结构特点与要求认识不足，延误检修最佳时间。

五、故障处理措施

通过更换错油门的推力轴承，然后静态调试和零点校验。8月2日19时44分，K-501汽轮机顺利启动。K-501 汽轮机转速波动幅度稳定在 5r/min 范围内。

六、管理提升措施

(1) 加强对装置三大机组速关阀、调速阀、速关组合件控制系统操作及故障问题分析能力。

(2) 加强乙烯装置三大机组备件管控，盘点汽轮机及压缩机易损件库存，及时储备机组备件。

(3) 强化设备故障分析处置，加大故障发生后的缺陷排查，认真组织机组故障的综合讨论、分析，在分析过程中培养提高管理技术人员的综合能力。

(4) 加强学习调速阀内部结构，尤其是错油门等相关部件，加强判断零点漂移及调校零点检修工作。

(5) 提高装置管理、技术人员风险识别能力和应急处置能力。

七、实施效果

错油门更换完成后，完成了静态调试和零点校验。K-501 汽轮机顺利启动。K-501 汽轮机转速波动幅度稳定在 5r/min 范围内。

案例二十八

EO/EG装置循环气压缩机透平振动高联锁停机故障案例

一、故障概述

2018 年 11 月 6 日 16 时 38 分 40 秒，EO/EG 装置循环气压缩机蒸汽透平 KT-115 进汽端轴振动 VY18105 振动高高报，压缩机联锁停机，装置停工。装置于 19 时完成检查，确认具备开机条件，透平 KT-115 引入高压蒸汽开始冲转，20 时 8 分达到运行转速 4150r/min，机组轴振动、轴瓦温度、轴位移等参数正常。23 时 40 分装置氧混站 OMS 重新投料开车。

二、故障过程

检查停机前各运行参数，K-115 压缩机组运行正产，工艺条件平稳，机组进出口压力、入口温度、出口流量趋势平稳，工艺操作平稳。透平 KT-115 入口蒸汽温度为 350℃，蒸汽压力 3. 85MPa，查询 DCS 趋势平稳，现场蒸汽管线疏水器疏水正常，机组轴振动、轴瓦温度和轴位移趋势平稳，机组润滑油温度、压力稳定，10 月及 11 月润滑油分析报告合格。

KT-115 轴承布置见图 28-1，1#轴承为推力轴承及高压端径向轴承，2#轴承为低压端径向轴承。2018 年 11 月 6 日 16 时 34 分，汽轮机高压端径向轴承振动 1H 从 11. 9μm 开始快速上涨，16 时 37 分，1H 振动值达到联锁值 102μm 并联锁停机，1#径向轴承振动值上涨趋势见图 28-2，汽轮机转速、轴瓦温度及轴位移参数平稳。

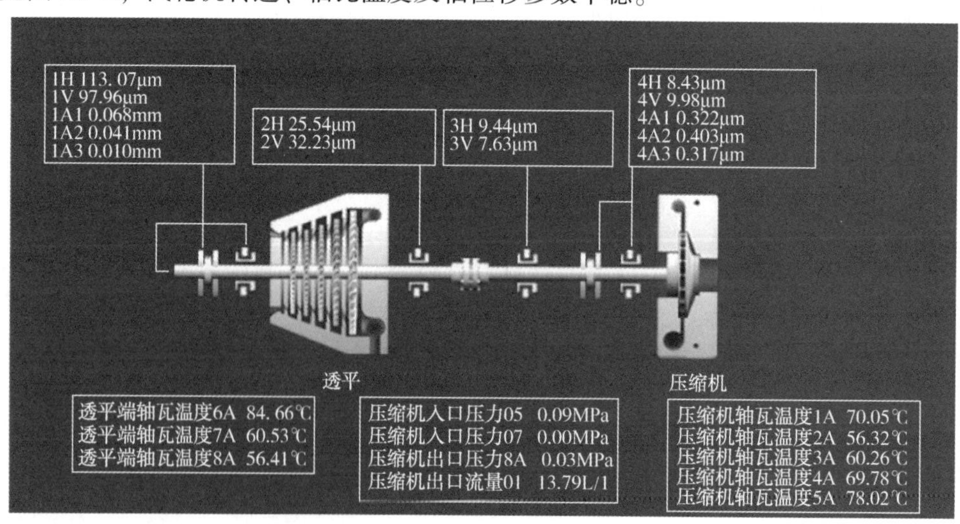

图 28-1　轴承布置示意图

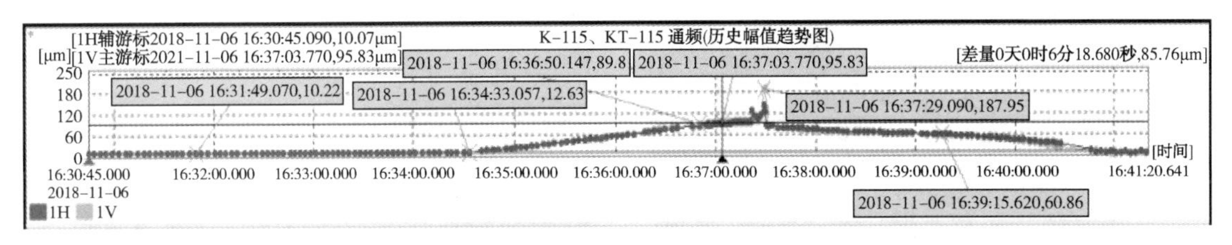

图 28-2　1#径向轴承振动上涨趋势

停机后，仪表专业对轴系探头进行检查未发现异常，低速运行检查汽轮机各参数正常。2h 后汽轮机重新冲转开机，正常工作转速 4200r/min 时，汽轮机轴承振动值与联锁前正常运行时数值接近，见图 28-3。

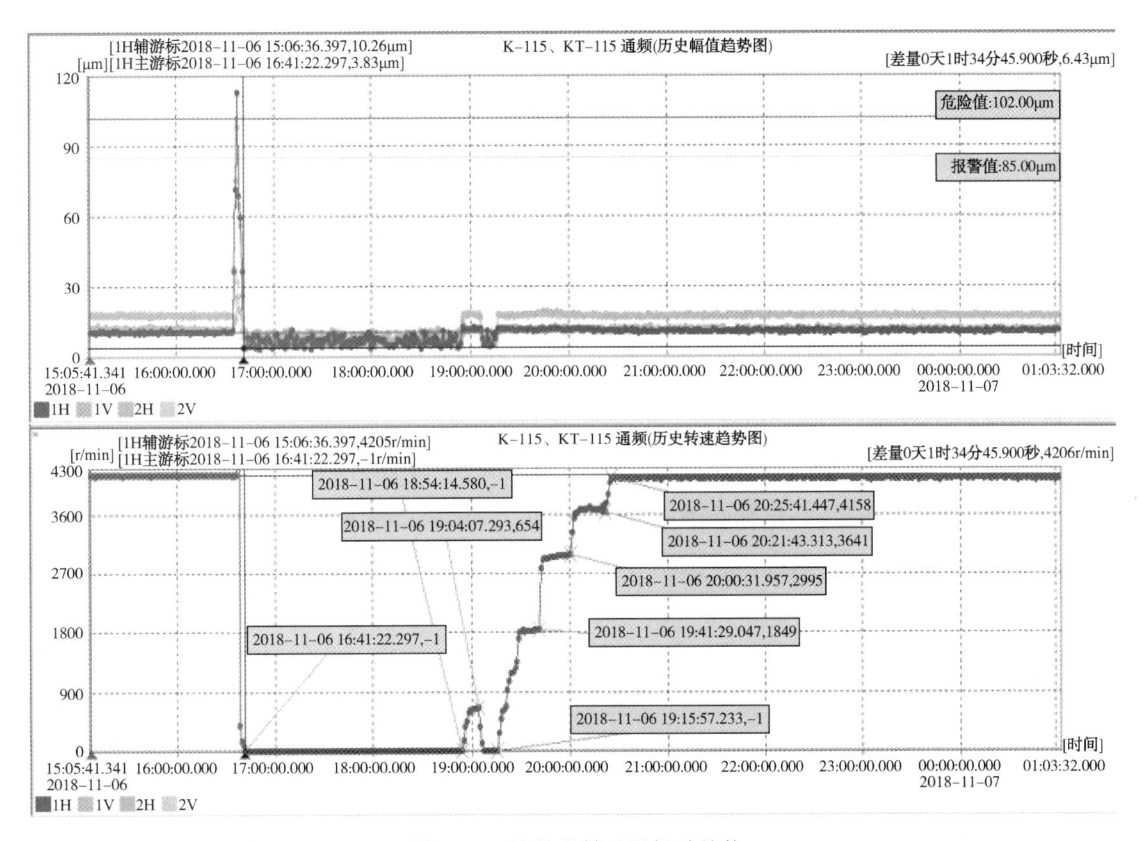

图 28-3　汽轮机转速及振动趋势

2020 年 11 月装置停工检修期间，机组进行解体检修，测得各部间隙正常，均在设计范围内，且轴瓦检查表面磨损情况正常。吊出转子检查，转子完好未出现叶片脱落损坏，但二级动叶片有整圈压痕，检查二级隔板上有分散呈带状的麻点，一级叶轮裙带密封条破损脱落，长度约 50mm，同时发现二级下隔板喷嘴末端有焊接制造时形成的半封闭空间，一侧焊死封闭，另一侧有 2mm 宽缝隙，内部有金属颗粒物，将该缝隙人工扩大后取出数颗直径 3~5mm 疑似焊渣的金属颗粒。见图 28-4。

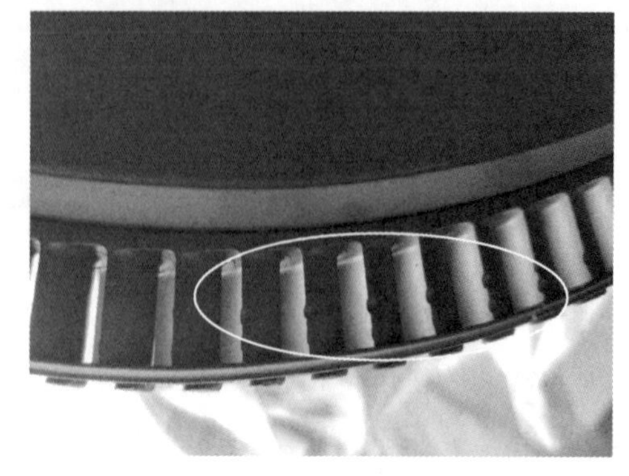

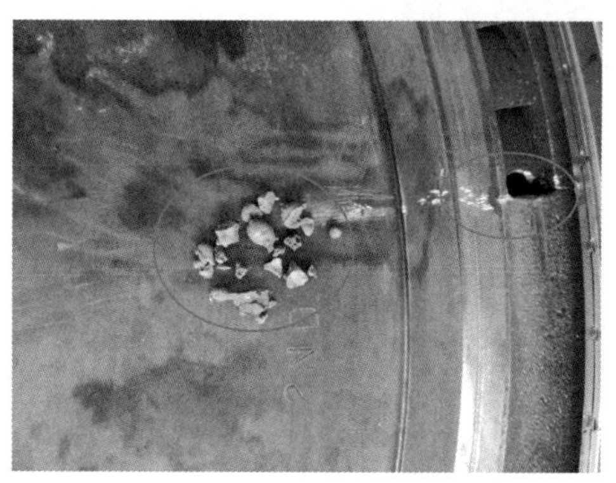

图 28-4 机组存在的异物

三、故障机理分析

经拆解检查，二级动叶片有整圈压痕，检查二级隔板上有分散呈带状的麻点，除第二级外，其余各级动叶片及隔板检查无明显压痕、麻点等异常，判断是二级隔板、动叶片部位有硬质异物进入，在机组运转时产生压痕，经过二级叶轮以后，颗粒物粉碎，进入下一级静叶栅、动叶栅时未造成明显的破坏现象。检查一级叶片未发现明显压痕，快速切断阀内滤网完好，排除蒸汽入口管线有硬质颗粒物进入。

检查发现一级叶轮裙带密封条破损脱落，长度约 50mm，在缸体内未找到完整密封条，仅发现约 4mm 长弯折金属物。分析为蒸汽通过一级喷嘴时的冲击，导致密封条脱落，脱落的密封条在转子高速旋转过程中，进入二级隔板和叶轮之间，碰磨粉碎成小颗粒物。

四、故障原因分析

1. 直接原因

KT-115 一级叶轮裙带密封条经蒸汽冲击破损脱落，或二级下隔板喷嘴半封闭空间内金属颗粒脱落，透平高速转动下，进入二级隔板与动叶片间导致动静件碰磨，转子发生局部临时热弯，转子平衡破坏，导致机组振动上涨直至联锁停机。停机后，转子局部温度降低自恢复，在其后的开机过程又经过低、中速运转校直，故机组重新开机后运行参数恢复正常。

2. 间接原因

2016 年机组停机检修期间，未发现二级下隔板喷嘴半封闭空间内金属颗粒，未识别出金属颗粒可能脱落导致机组动静件碰磨。同时检修未发现一级叶轮裙带密封条缺陷，未识别出裙带密封条破损脱落的风险。

五、故障处理措施

2020 年停机检修期间，按照检修方案，对蒸汽透平转子、隔板清洗高压水清洗及无损检测，主汽阀(TTV)、调速阀、油动机、错油门、各联杆执行机构解体清理检查。径向轴承间隙测量、止推轴承轴向间隙测量并更换轴瓦，汽封疏齿检查并更换。检查更换各级叶轮裙带密封条。处理二级下隔板喷嘴末端半封闭空间内的焊渣等异物。仪表轴振动、轴位移各探头回装并调校整定。各部件按规范要求进行回装并复测合格。机组热态、冷态对中复查。

完成各电气仪表功能及其报警联锁的检查和调校。油系统油运合格；调速系统、抽汽控制系统静态整定和特性试验，TTV 阀功能测试。透平壳体、TTV 阀及进汽管线的保温衣恢复安装。透平单试合格后，连联轴节中间短节。

六、管理提升措施

（1）在汽轮机组的运行中，严格控制压缩机进气压力、流量及汽轮机蒸汽温度、压力等工艺参数稳定，控制负荷调整的幅度。关注蒸汽品质变化，防止蒸汽带液和结垢。润滑油定期分析采样，控制油温、油压稳定，保证轴承运行环境良好。实时监控轴承振动、轴位移和轴瓦温度变化趋势。严禁超设计负荷、超额定转速运行。

（2）结合汽轮机运行情况，制订合理的预防性维修策略。同时在检维修过程中严格控制检维修质量，按照大机组检修质量卡对质量控制点实行分级管理严格把关，做到应修尽修、修必修好。

（3）加强大机组状态检测分析和故障诊断，借助故障诊断仪器准确地诊断出汽轮机机械方面存在的问题，可以更有效地指导汽轮机的维修管理，提高汽轮机工作的可靠性，作为制订汽轮机维护策略的有效方法。

七、实施效果

自 2020 年 11 月 K-115 机组完成检修投用至今，机组运行正常，未发生异常停机，机组的长周期稳定运行为装置的安全平稳生产打下了良好基础，取得了良好的经济效益。

一、故障概述

故障机组基本信息如下：

(1) 驱动机

设备名称：乙烯制冷压缩机驱动透平

设备类型：背压式透平

额定转速：11859r/min

最大连续运转速度：12459r/min

一阶临界转速：5702r/min

二阶临界转速：16000r/min

蒸汽入口条件：380℃/4.2MPa

蒸汽出口条件：180℃/0.45MPa

型号/制造厂：36B/FICANTIERI

(2) 压缩机

设备名称：乙烯制冷压缩机

设备类型：离心式压缩机

额定转速：11859r/min

最大连续运转速度：12822r/min

一阶临界转速：4910r/min

二阶临界转速：19000r/min

介质：乙烯

连接方式：膜片联轴器

型号/制造厂：1M9-8/DRESS-RAND

某公司在 2015 年 9~10 月进行了装置大修，其中本机组主要对蒸汽透平进行了检修，内容有：联轴器的检查、轴承的检查及清洗、速关阀及调节汽阀组件的检修、油动机及电液转换器的检修、级间气封的检查及更换、备用转子高速动平衡、更换备用转子等。自大修以后，该机组蒸汽透平侧(VE6103A、VE6104B)振动位移值处于较高且持续增长的状态，而在 2015 年检修之前，机组的振动一直处于良好状态。振动趋势详见图 29-1。

从图 29-1 可知，在 2015 年 11 月检修前，机组所有测点的振动位移值均较小。

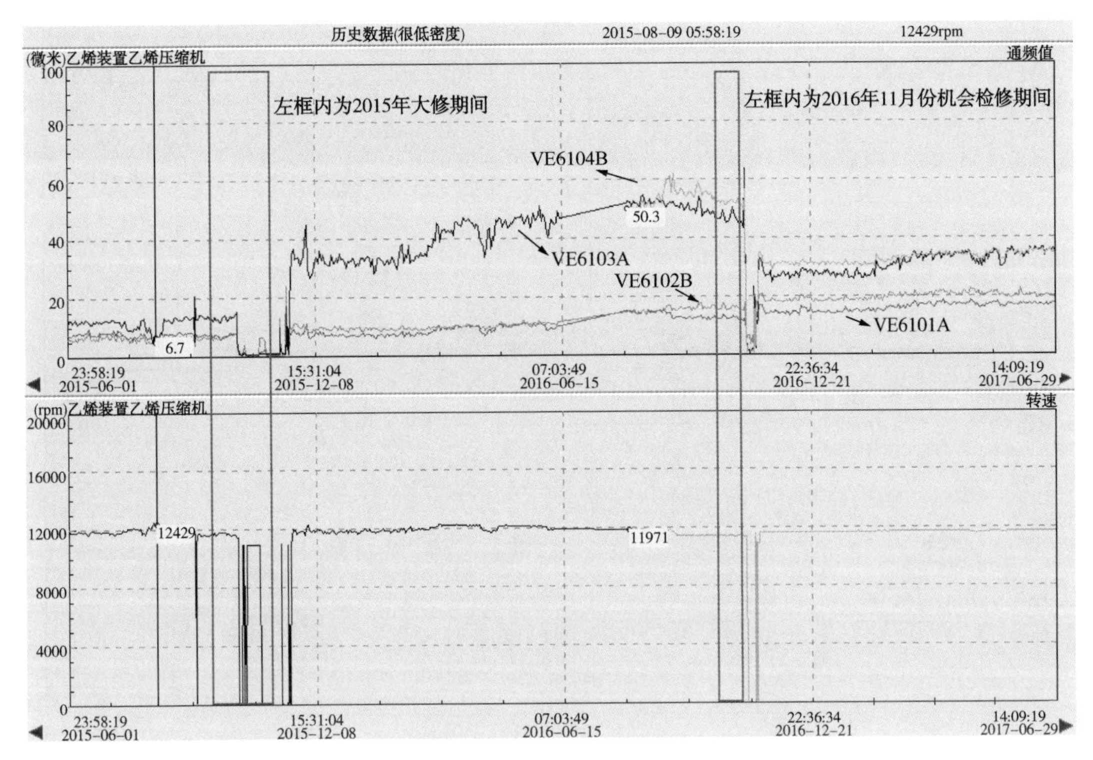

图 29-1 机组振动趋势图(2015 年 6 月至 2017 年 6 月)

2015 年装检修开车后，机组蒸汽透平驱动侧振动测点 VE6103A、VE6104B 在 11900～12000r/min 的工作转速下的振动值均在 35μm 左右。并在 2016 年 4 月以后呈现持续上涨趋势，VE6104 测点在 2016 年 6 月一度接近 75μm 的报警值。随后该公司为保护机组采取了控制负荷运行、维持较低转速运行的方案。从长期监测的结果来看，VE6104B 测点振动值在 60μm 以下，但仍有持续上涨趋势。

因振动状态持续恶化，该公司在 2016 年 11 月安排停机检修机会，组织对该机组继续进行检修。此次检修的主要内容有：轴承的检查、级间气封的检查和更换、转子的更换(这次使用的是 2015 年检修更换下来的转子，上机前进行了高速动平衡校验)，开车后在 11800r/min 时 VE6103、VE6104 振动值在 28～35μm 之间波动。

二、故障过程

机组在 2015 年 6 月至 2015 年 10 月运行中，转速基本维持在 12000r/min 以上的满负荷状态下。此阶段的振动位移值，所有振动测点测量值在 8μm 以下。而机组运行在 11900r/min 以下的低负荷状态时，最大振动值反而升高至 15μm 左右。如图 29-2 所示。

三、故障机理分析

1. 振动趋势(2015 年 11 月至 2016 年 11 月)

机组振动趋势(2015 年 11 月至 2016 年 11 月)如图 29-3 所示。

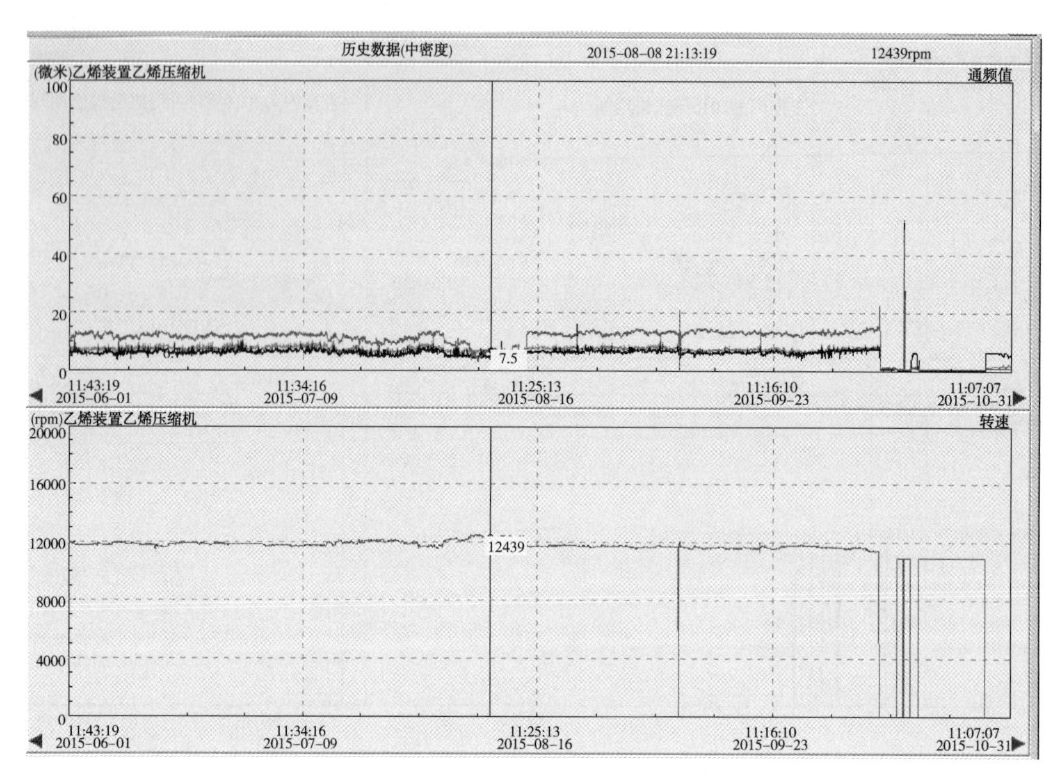

图 29-2　机组振动趋势图(2015 年 6 月至 2015 年 10 月)

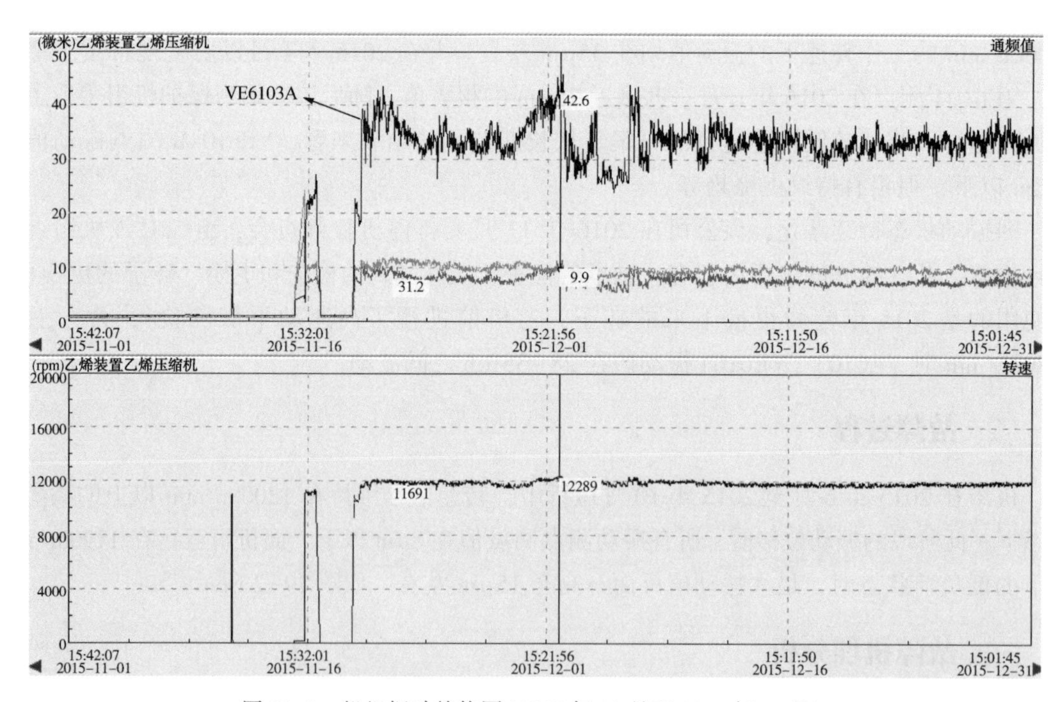

图 29-3　机组振动趋势图(2015 年 11 月至 2015 年 12 月)

2016 年 11 月，利用检修机会对该机组进行了针对性检修，VE6103A 振动位移值在转速稳定在 12200r/min 时振动位移值接近 43μm，超过了 API 612 中关于工业透平稳定运行的最大允许振动值，设备处于故障状态。2016 年 11 月该公司利用检修机会对该机组进行了针对性检修。

2. 振动趋势(2016 年 11 月之后)

该公司在 2016 年 11 月检修完开车后，VE6103A、VE6104B 两测点的振动测量值一直维持在 30~35μm，从长期观测来看未再出现明显的增长趋势，但振动幅值较大。该公司继续按照控制转速运行的方式保证设备的长期运转。

从图 29-4 可看出振动相位较稳定，说明转子质量分布未产生明显变化。

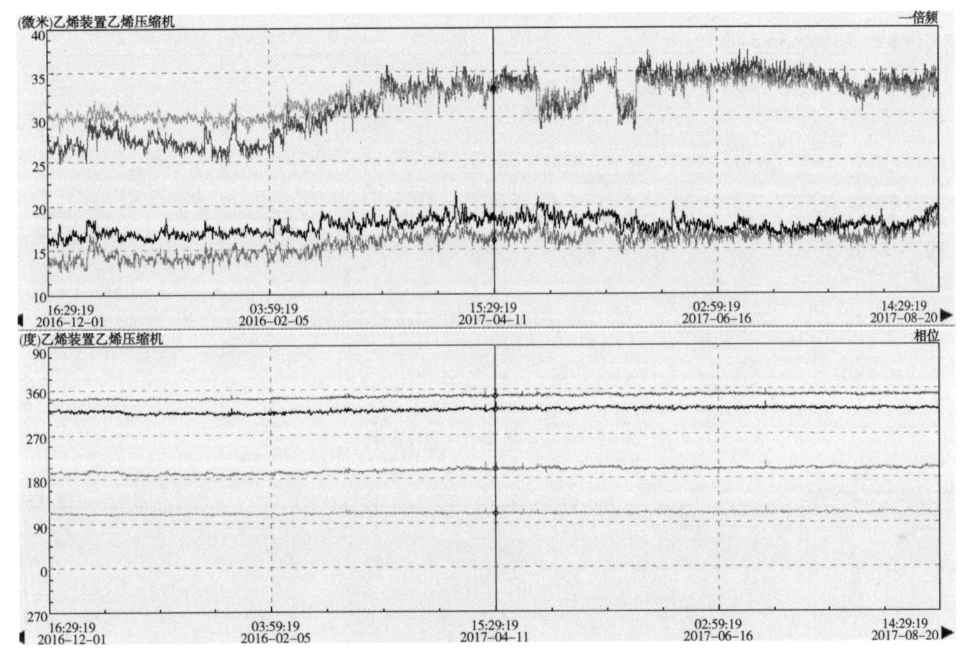

图 29-4 机组振动趋势图(2016 年 11 月至 2017 年 8 月)

从图 29-5 可以看出，该设备透平驱动侧振动的主要成分依然集中在工频上，且基本不存在其他频率成分。

从图 29-6、图 29-7 可以看出设备经检修后，在低速及临界转速下，启停机图谱中并未出现较大的振幅波动，可以排除热弯曲的因素。振动幅值较大的主要原因为转子存在较大的不平衡量。

直接原因：转子动不平衡。

间接原因：该机组转子的长径比较大，达到 6 以上，转子对不平衡量的变化极为敏感，在转子的平衡校验时应尽量模拟现场的真实承载情况。该设备在非驱动端设有超速离合器，离合器齿套与转子法兰盘连接，质量在 5kg 左右。在驱动侧为膜片联轴器的轮毂、膜片、半连接及中间筒节，质量在 6kg 左右。目前国内对转子进行高速平衡校验都是在平衡机上进行，平衡机与转子的连接需制作专门的连接工装。连接工装本身质量及不平衡量对转子(尤其是质量较小的高速挠性转子)本身的平衡性有较大影响。

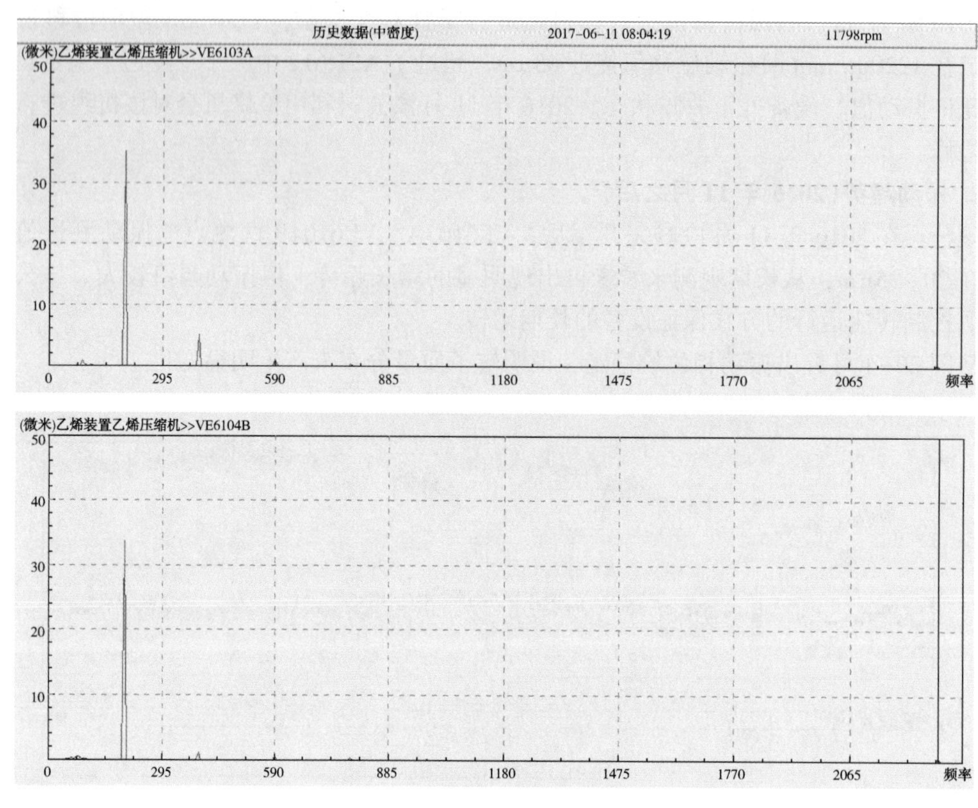

图 29-5　机组频谱图(2017 年 6 月)

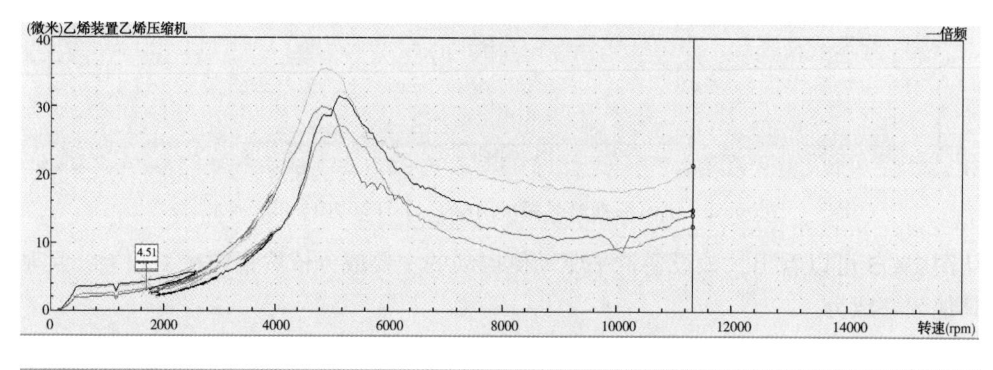

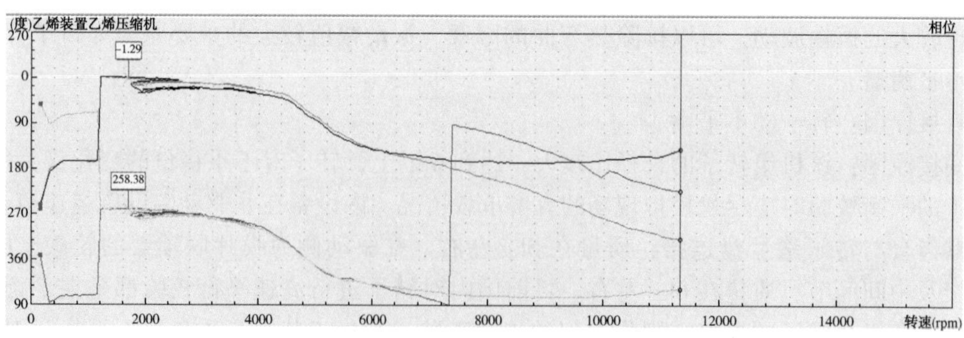

图 29-6　透平单试启机 Bode 图(2016 年 11 月 7 日)

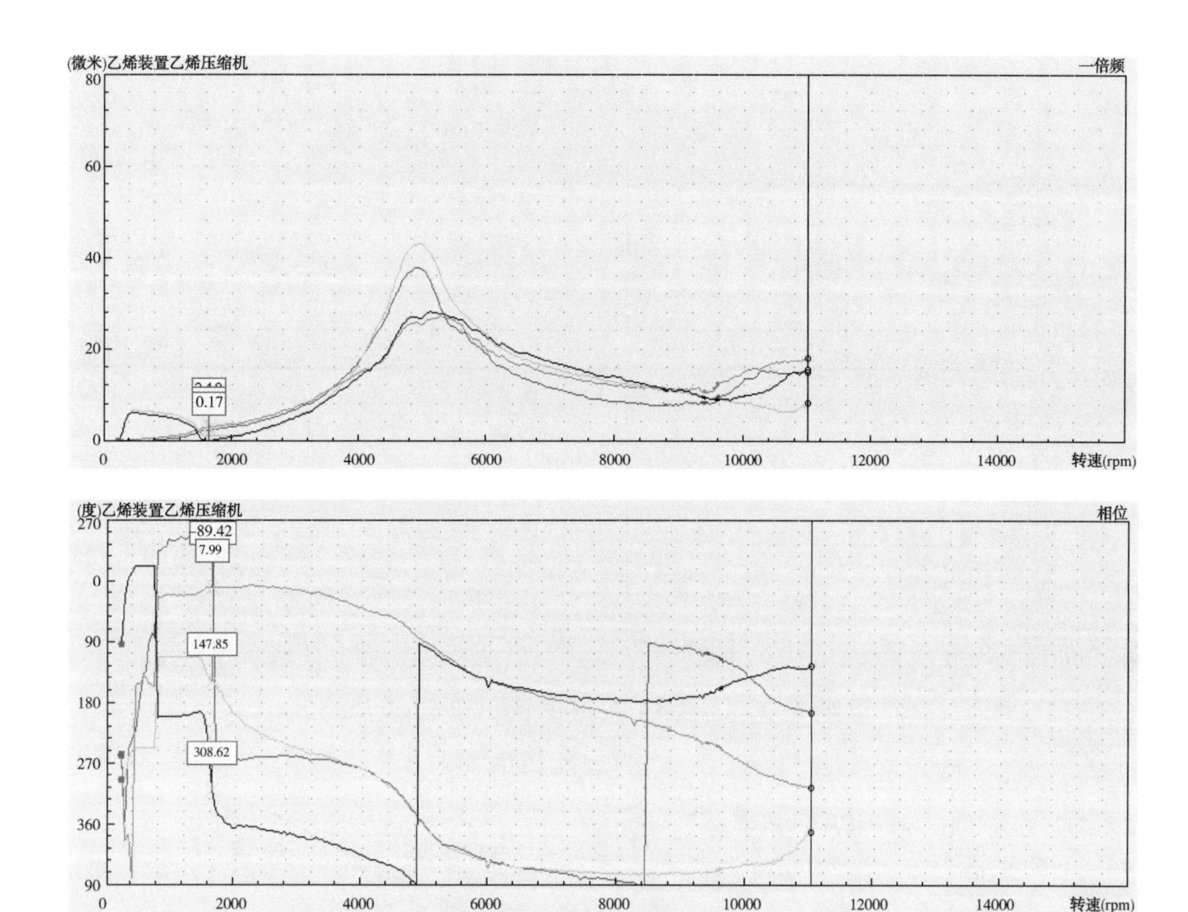

图 29-7　机组联运启机 Bode 图(2016 年 11 月 9 日)

四、故障原因分析

1. 频谱

截取该机组蒸汽透平驱动侧测点 VE6103A/VE6104B 在 2016 年 6 月的频谱图，如图 29-8 所示。

可见，该机组蒸汽透平驱动侧的振动频率集中在工频上，2 倍频的分量较小，并且没有其他谐波成分。VE6103A、VE6104B 为径向探头，因此振动的原因就集中在不平衡、轴弯曲、松动、热不对中上。

如图 29-9 所示，2015 年 11 月的检修记录中显示机组的对中处于非最佳状态，但仍处于允许状态，频谱的 2 倍分量很低也能从侧面证明这一点。

2. 同侧相位

两个方向上的相位差的差值为 100°~120°，如果设备是以不对中为主要故障而引发的振动，则在互成 90°的两个方向上测得的振动相位差的差值应无限接近 180°，从这一点及频谱的分析结果基本可以排除不对中的原因。见图 29-10。

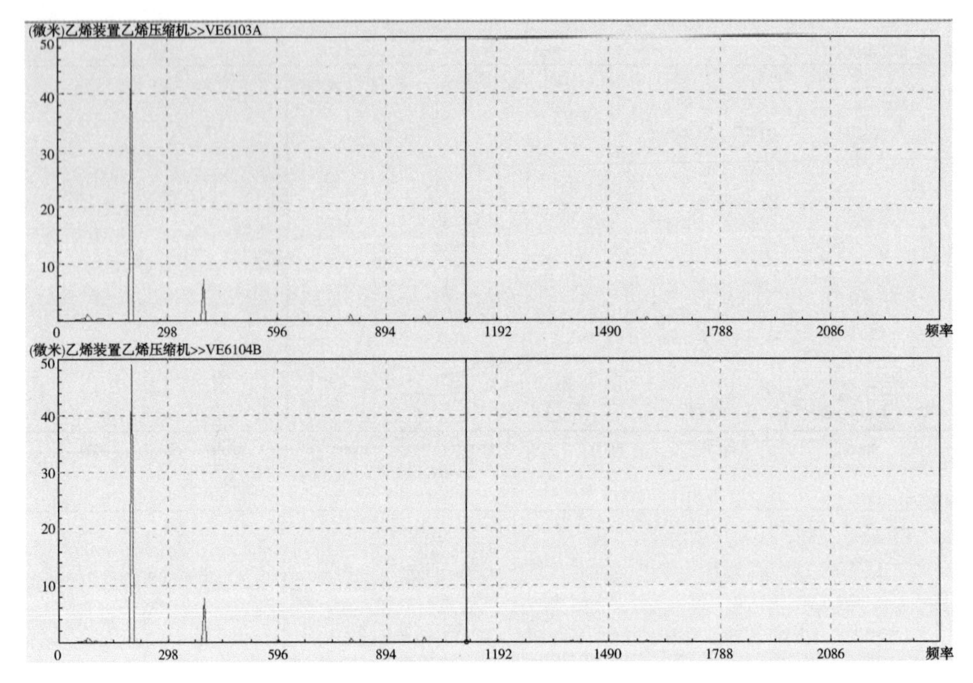

图 29-8　机组蒸汽透平驱动侧频谱图(2016 年 6 月)

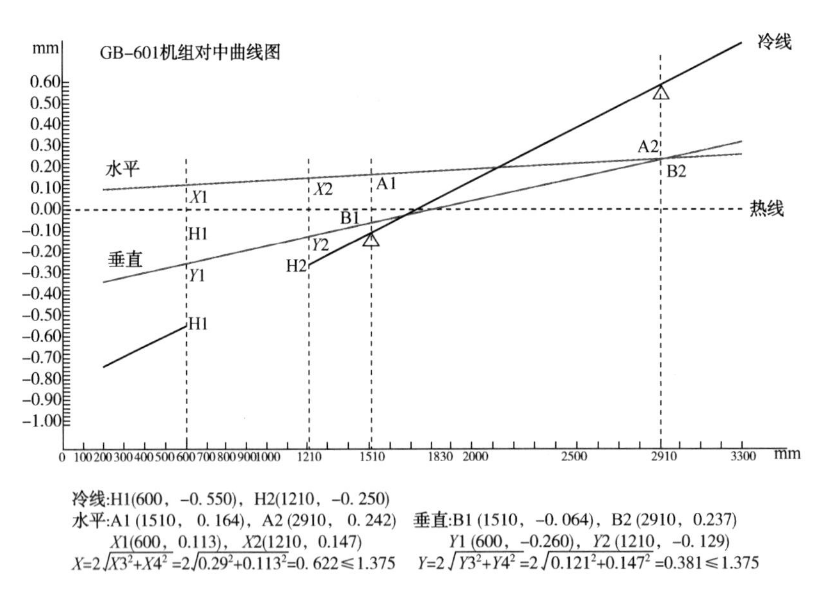

图 29-9　2015 年大修机组对中数据

3. 轴心轨迹

从图 29-11 可看出，在透平驱动侧，上下位移范围在 45μm 左右，左右位移在 55μm 左右，整体曲线较圆滑，没有突变。说明一是轴承对转子的约束性在垂直方向稍强于水平方向，且驱动侧轴承的瓦背紧力足够，未因为转子振动引发谐振而出现突变，轴承组件不存在松动问题。

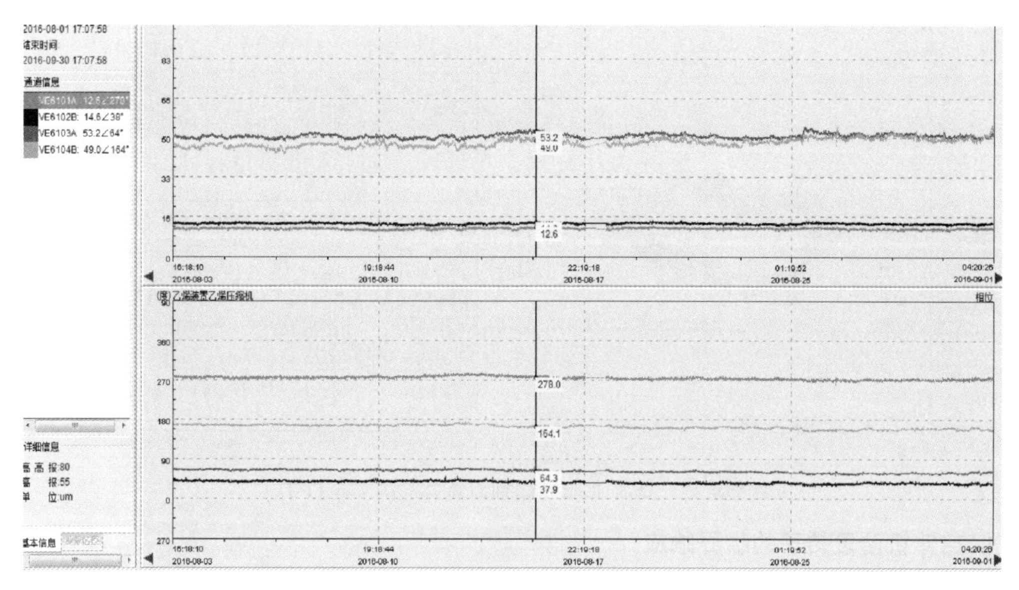

图 29-10 同侧相位(2016 年 8~9 月)

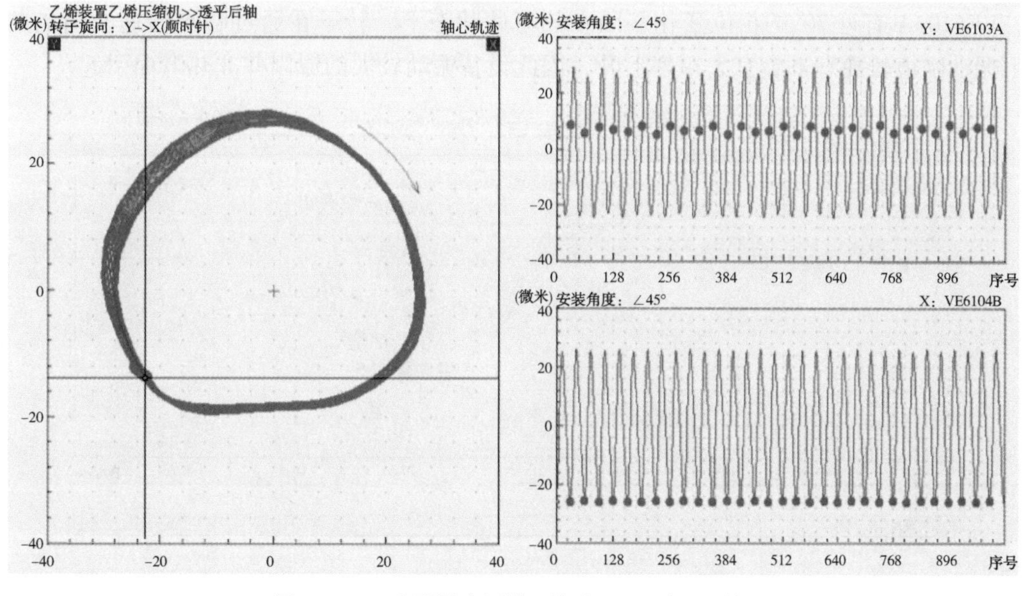

图 29-11 透平驱动侧轴心轨迹(2015 年 11 月)

从图 29-12 可看出，在透平非驱动侧，上下位移范围在 10μm 左右，左右位移在 20μm 左右，整体相对圆滑。通频值峰值周期性的变化，轴心轨迹也存在突变。而在这端振动的频谱成分中除工频外也出现了 1/2 倍、2 倍及高倍谐振情况。但一般这种振幅值较低，转子测振区的表面状况及振动测量设备本身的扰动在振动幅值中会有更多的干扰，也可能是轴承组件部分部位存在轻微松动现象。透平非驱侧总体振动值偏小，且不会对驱动侧产生直接影响，并非驱动侧振动大的原因。

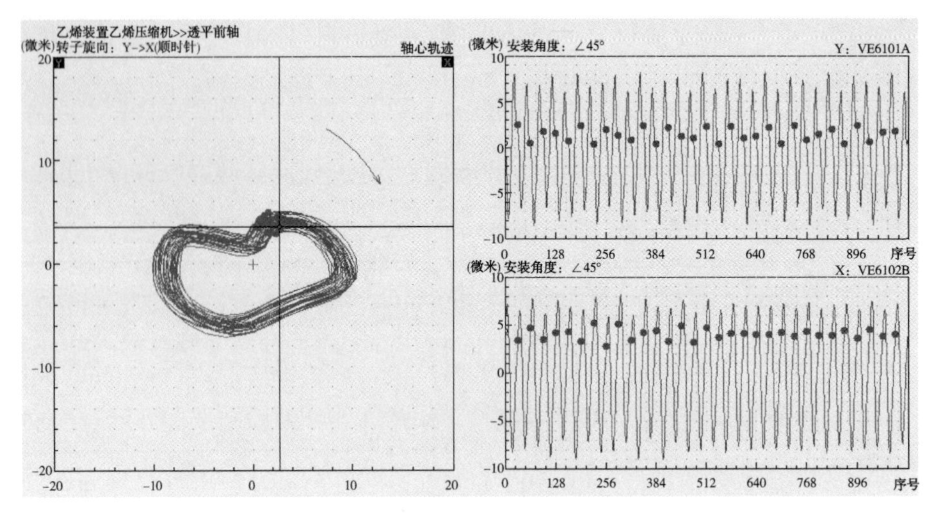

图 29-12　透平非驱动侧轴心轨迹(2015 年 11 月)

4. 启停机阶段转子的临界响应

从图 29-13、图 29-14 启停机 Bode 图中可以看出，在设备冷态的启机阶段及热态的停机阶段，转子的振动在通过临界转速区间时变化不大，VE6101A、VE6102B 相位基本无变化，VE6103A 有近 70°的相位变化。因在热弯曲状态下，转子在通过临界转速及惰走的情况下振动幅值较冷态下会有大幅度上升，因此设备振动较大的原因并非热弯曲引起。

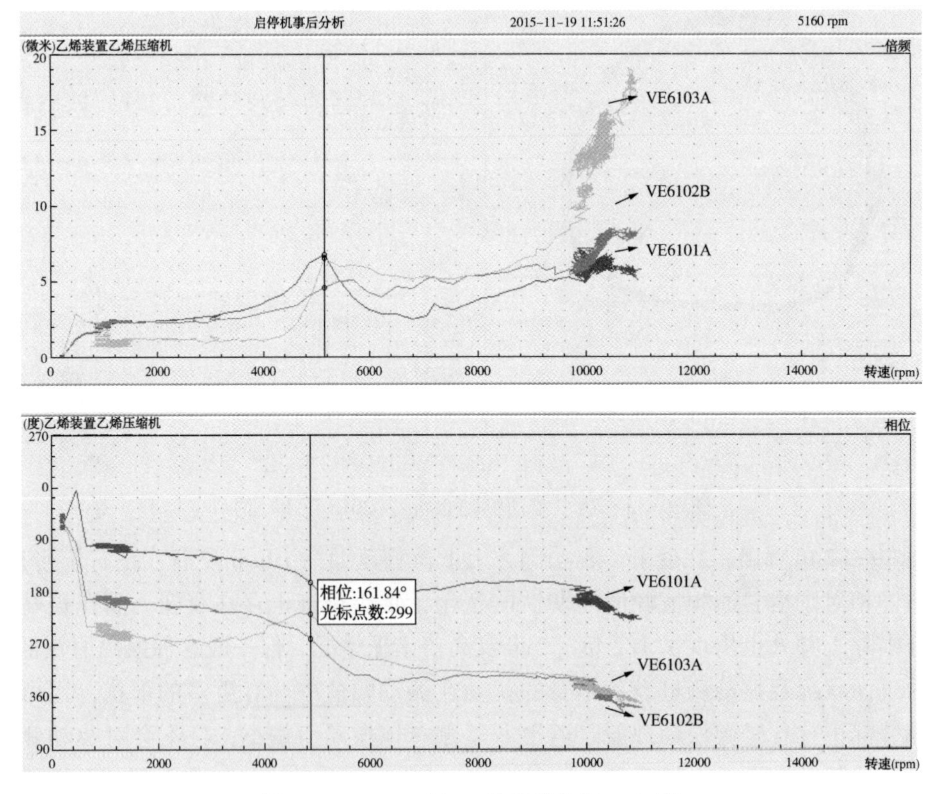

图 29-13　2015 年 11 月透平启机 Bode 图

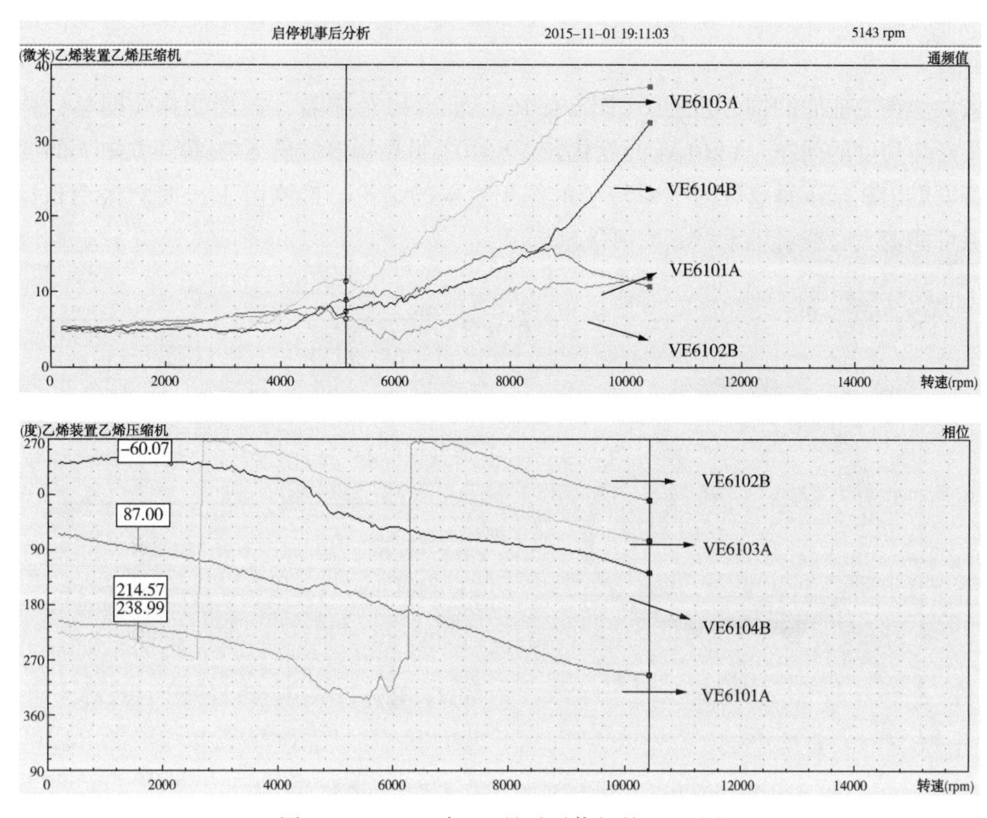

图 29-14 2016 年 11 月透平停机的 Bode 图

综上所述，该设备透平机振动较大的原因应为转子的动不平衡量较大，但 VE6103A 在长期服役过程中相位出现变化的原因需要进一步分析。

5. 振动逐步增大原因(2016 年 3~11 月)

该机组透平机驱动侧 VE6103A、VE6104B 的振动位移值在 2016 年上半年逐渐增大，在控制转速运行后的 2016 年 8 月 31 日到 2016 年 9 月 1 日之间又出现突变式上涨现象，详见图 29-15。

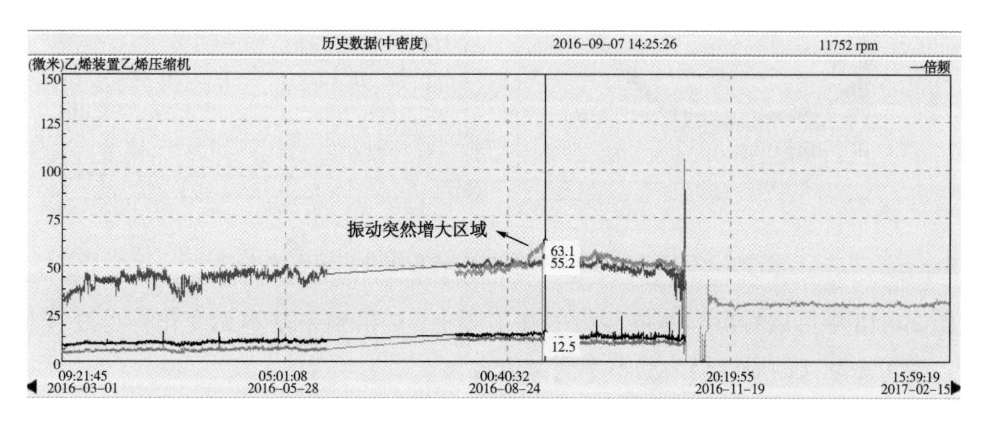

图 29-15 透平振动趋势图(2016 年 3 月至 2017 年 2 月)

因上涨趋势比较突然，截取这段时间 VE6103A、VE6104B 这两个测点的特征图谱综合进行分析。

从振动突变前后的轴心轨迹图(图 29-16、图 29-17)来看，振型变化较明显，并且因两探头安装角度的问题，VE6104 的变化较 VE6103 明显得多，转子在垂直方向上的变化明显。可以得出在轴承垂直方向上对转子的约束变弱的结论。推测由于长期的振动超标，轴承间隙可能变大，或者轴承背紧力可能减弱。

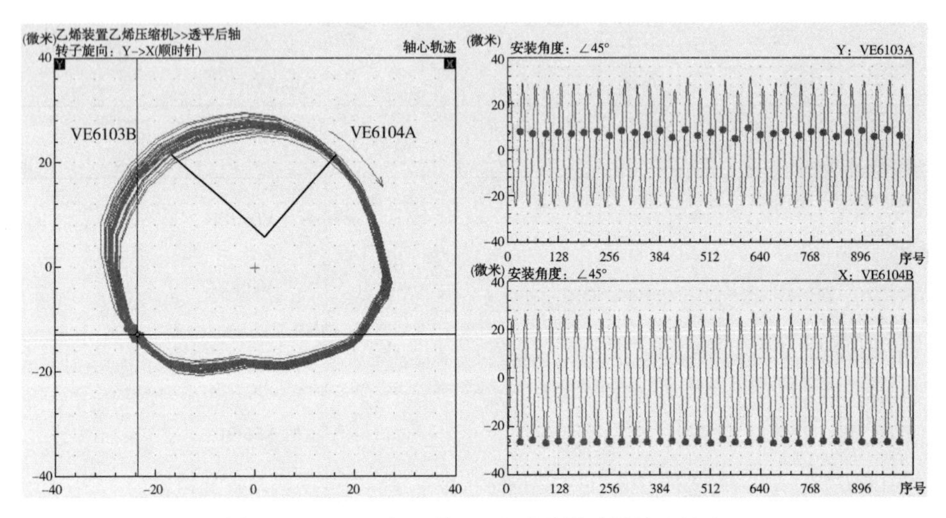

图 29-16　2016 年 8 月 31 日透平驱动侧轴心轨迹

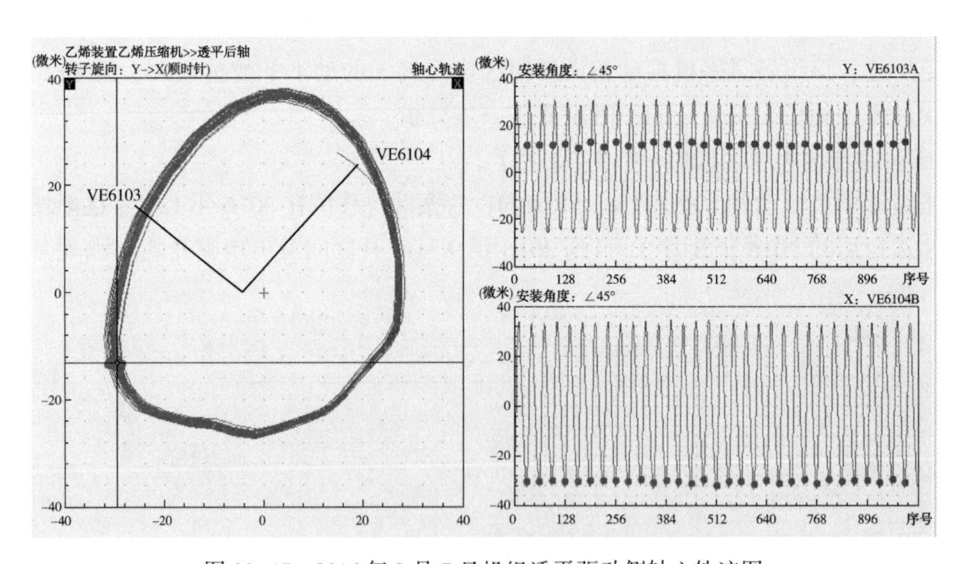

图 29-17　2016 年 9 月 7 日机组透平驱动侧轴心轨迹图

从图 29-18 中可以看出频率依然集中在工频上，2 倍频率基本无变化，也没有其他频率成分，转子振动大的原因仍为动不平衡量较大。

从图 29-19 可以看出在 2016 年 8 月初至 2016 年 9 月底这段运行期间内，在转速不变的情况下各个测点的相位值均出现了相位变化，其中透平后侧的 VE6103A、VE6104B 两个测点的相位变化量接近 30°。

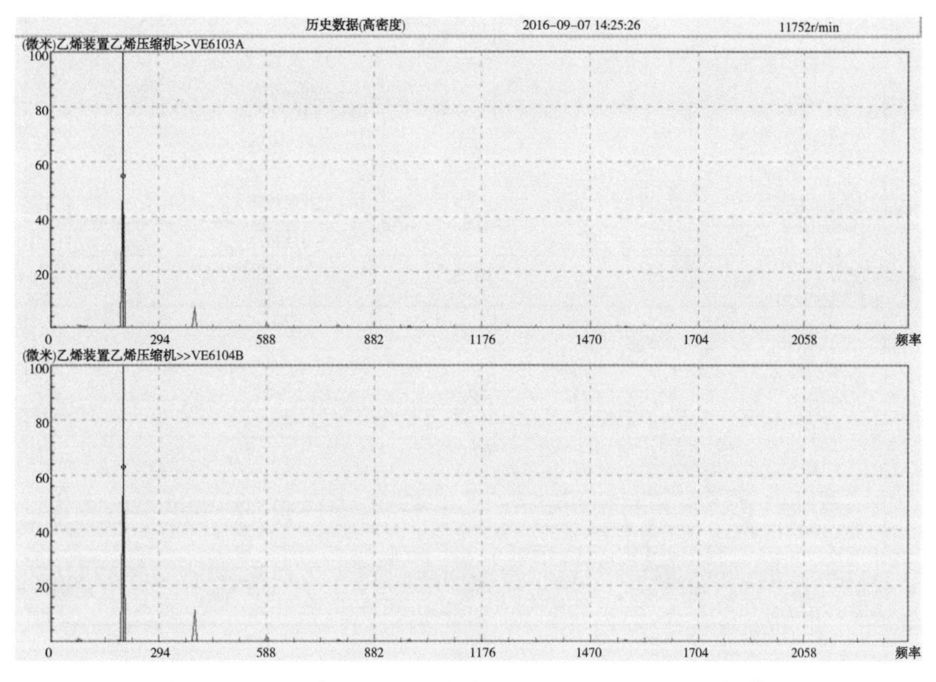

图 29-18　2016 年 9 月 7 日透平 VE6103A、VE6104B 的频谱图

因转子系统是在运行期间发生的变化，推测转子系统自身出现了因质量分布变化造成转子驱动侧不平衡量逐渐增大的情况，最终导致设备振动逐渐增大。

后经过拆检后发现，在转子非驱侧测速法兰盘连接位置出现相邻的三颗螺栓松动情况。

这一现象与上述 4 中提到的在停机 Bode 图中 VE6103A 测点在停机阶段相位出现过的情况有关，但非驱侧的变化为何会在另一侧引起较为明显振动变化的原因不明。

五、故障处理措施

在后续处理中，该公司在进行该转子的高速平衡校验时在转子非驱侧附带了离合器齿套，在驱动侧只做了筒形连接组件，最大限度减少连接工装质量对转子的影响。校验残余不平衡值在 0.25mm/s 以下。在转子平衡的同时对联轴器组件也进行了返厂平衡校验(低速)工作。

在 2020 年上机安装后，该设备单试期间，非驱侧振动位移值达到 28μm，联机试运后依然超标。

检修前复查驱动机与压缩机对中正常，蒸汽透平猫爪卡涩，蒸汽透平下缸体不能自由活动。猫爪清理后，回装气封、转子后发现气封两侧间隙不一致，转子偏心。

在下缸体自由状态下检查机组对中，发现与先前复查数据出现较大偏差，透平下缸体较原状态向一侧偏移 0.5mm。该机组驱动透平出口管线为 16in 管法兰，出口管线变径至 10in，随后向透平一侧(与轴线垂直方向)。管线走向见图 29-20。

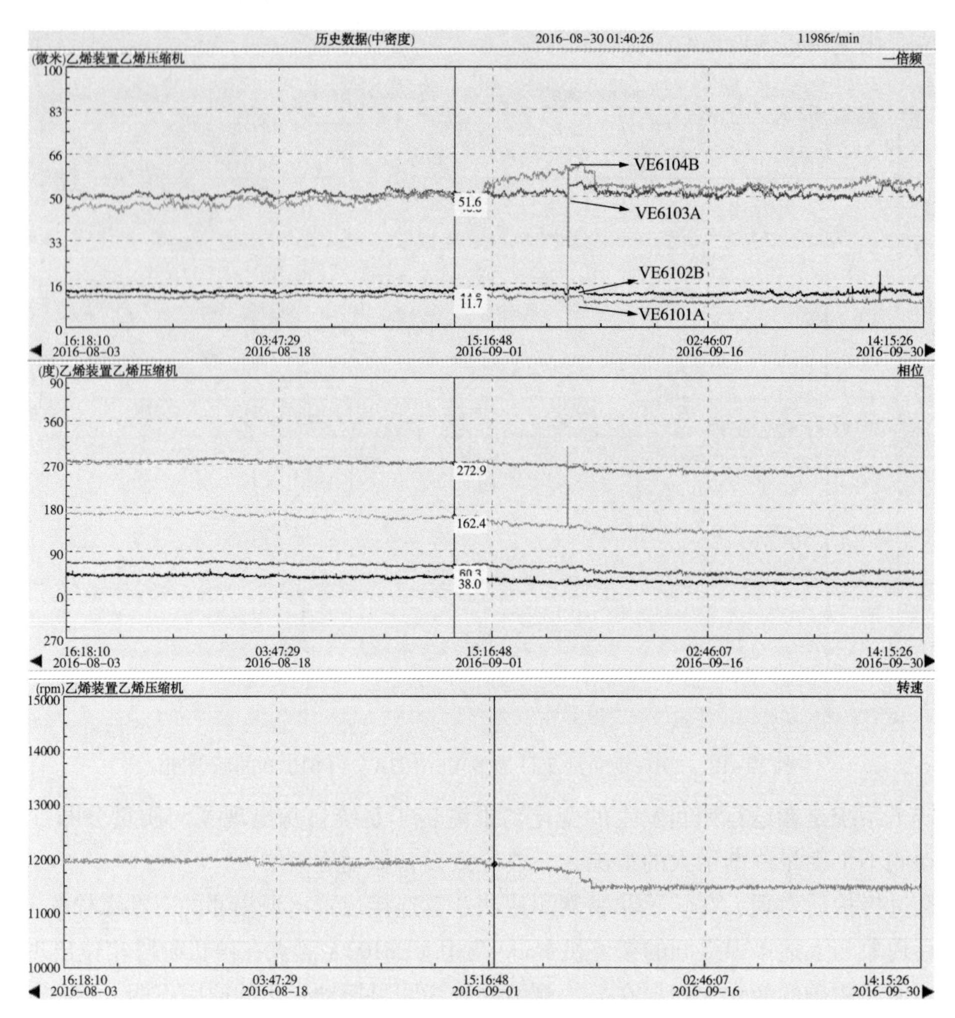

图 29-19　透平在突变阶段的振动、相位变化趋势图

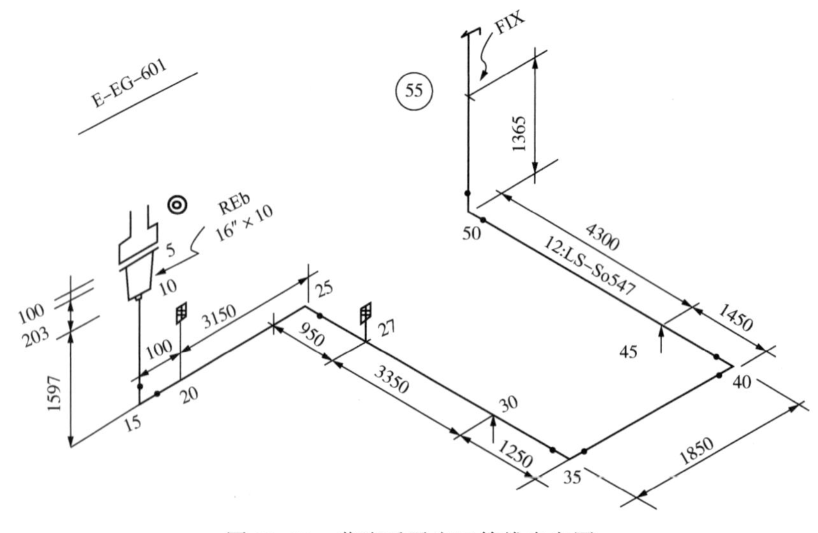

图 29-20　蒸汽透平出口管线走向图

现场怀疑出口应力对缸体，进而导致缸体对轴承箱产生了应力。现场将两侧轴承箱的挠性板螺栓松开，并持续观察轴承箱和蒸汽透平的下缸体相对位移情况。发现缸体继续向一侧偏移，偏移量达到2.3mm。此时复查机组对中，数值基本与检修前一致。

由于蒸汽透平气封间隙偏差太大，以及蒸汽透平底部的出口管线应力较大，现场缸体也无法恢复到轴承箱轴线上。现场检查出口管线的支架限位机构及补偿机构，发现现场比原设计多一组弹簧吊架，同时限位在冷态下也已贴死，部分滑动管托与横梁锈在一起，可能导致管线无法按原设计的应力方向进行均匀膨胀。随后，现场对管线支吊架进行了全面清理，在与管道的接触面涂抹石墨粉，对管线进行了机械切割，释放了冷态下管道的应力。在应力释放完成后，调整蒸汽透平下缸体回到轴承箱轴线上，保证转子与下缸体的气封间隙配合尺寸，然后再使用无应力配管方案恢复出口管线。

设备随后按程序正常完成回装及装配工作，并进行试车。试车时发现汽轮机驱动侧振动依然偏大，在12000r/min时振动位移值已到达60μm左右。监控管线随机组升温情况发现，出口管线竖管相对冷态位置向南侧偏移量较大，同时蒸汽透平本体底部也向南侧有一定偏移量，缸体会发生一定扭转量。

根据基础设计资料，在热应力影响下，该管线管口会较冷态向南侧偏移3.6mm。由于管线偏移量会影响蒸汽透平缸体与转子的配合间隙，现场决定在出口管竖管位置设置限位装置，为蒸汽透平设置死点，保证设备本体不受出口管线膨胀的影响。

在出口管路限位设置完成后，打表检测竖管在由冷态转向热态后位置变化情况，同时监控振动位移值与管路膨胀的变化对应情况。在机组升速过程中，竖管在冷态转热态过程中偏移量基本消除，但在后续试车过程中发现透平的振动值没有明显变化，随后在现场进行了在线平衡。

六、管理提升措施

在利用状态监测系统诊断机械问题时，要尽可能地搜集有关设备的所有信息，例如设备基础资料、检修资料、振动趋势记录、各运行阶段的谱图等。实际从事振动分析时，要仔细分析上述资料的信息，结合状态分析的专业知识，寻找相关性，才能有效实现故障诊断。

在汽轮机等热力机械故障处理中，要充分考虑热应力对设备的影响。

在工程实际中，转子连接部件与转子的配合往往未引起足够的重视，在振动分析时应充分考虑。

出现振动突变而同一轴承两测点未出现一致的振动增长时，往往容易被错误判断成仪表故障问题。在振动分析时应结合轴心轨迹图合理分析，再对振动值是否为真值进行判断。

七、实施效果

处理后透平振动在12500r/min的最高转速下，在10μm以下。

最终经过近两年的运转，该设备未再出现振动异常及持续增大的情况。检修后一年(2020年9月17日至2021年9月16日)振动趋势见图29-21。

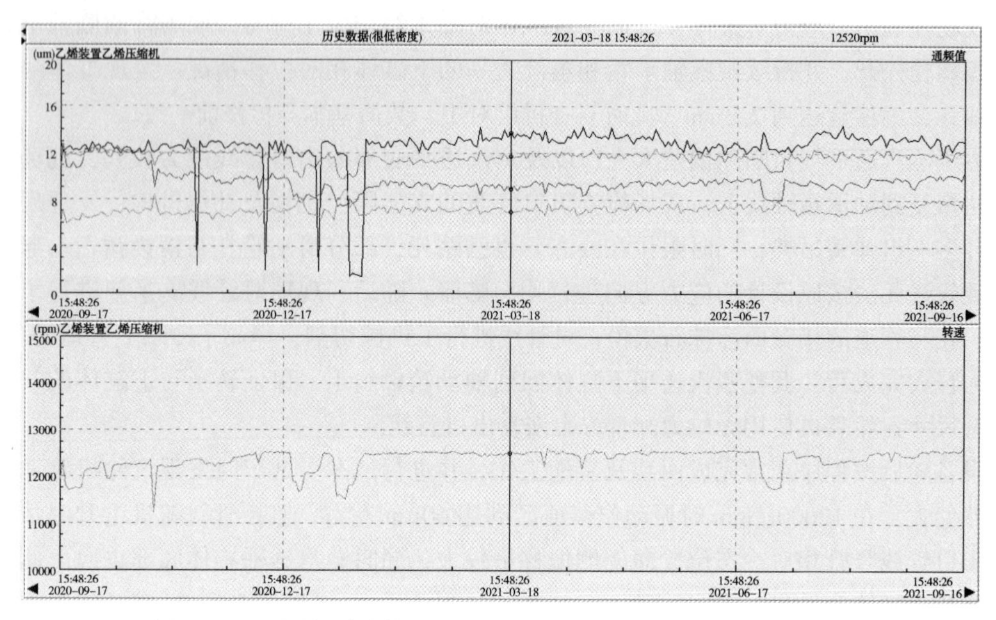

图 29-21　透平振动趋势图(2020 年 9 月 17 日至 2021 年 9 月 16 日)

第三章　密封系统

案例三十

乙烯装置乙烯制冷压缩机组干气密封联锁停车故障案例

一、故障概述

12 月 25 日烯烃部乙烯装置乙烯制冷压缩机组 GB-2601 干气密封一级泄漏气压力高高报联锁(30kPa)停机。

二、故障过程

12 月 23 日，对机组油箱进行可燃性气体检测，发现 FA25011 油箱油气中乙烯含量 0. 58%，GB-2601 干气密封二级泄漏排放口可燃气体 LEL 值：62%。见图 30-1、图 30-2。

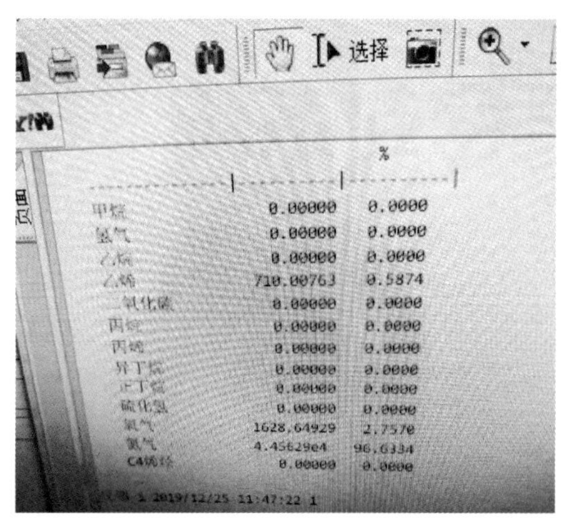

图 30-1　FA25011 油箱油气中乙烯含量：0. 58%

图 30-2　GB-2601 二级泄漏可燃气体 LEL 值：62%

工艺人员现场检查，分析认为二级缓冲气未能有效封住乙烯泄漏气，12 月 25 日决定现场微开 PCV22613 旁路，提高二级缓冲气压力(设计值 10kPa)，以封住乙烯泄漏气的进一步泄漏。操作中，13 时 51 分，旁路阀打开时干气密封一级泄漏气压力高高报联锁(30kPa)停机。

经检查，未发现异常情况决定恢复开机，14 时 3 分现场 GT-2601 速关阀复位；14 时 11 分达到最小调速；14 时 48 分达到工作转速 8920r/min。

三、故障原因分析

本机组采用的是带中间迷宫串联式干气密封，型号为 GCTL02-110，一级密封为主密封，一级主密封气为乙烯，工作时承受全部介质压力，一级缓冲气进入气封后气体从介质侧和一级泄漏气泄漏，二级密封为安全密封，二级缓冲气为氮气，缓冲气进入气封后气体从一级泄漏气（通火炬）和二级泄漏气（高点放空）泄漏。见图 30-3。

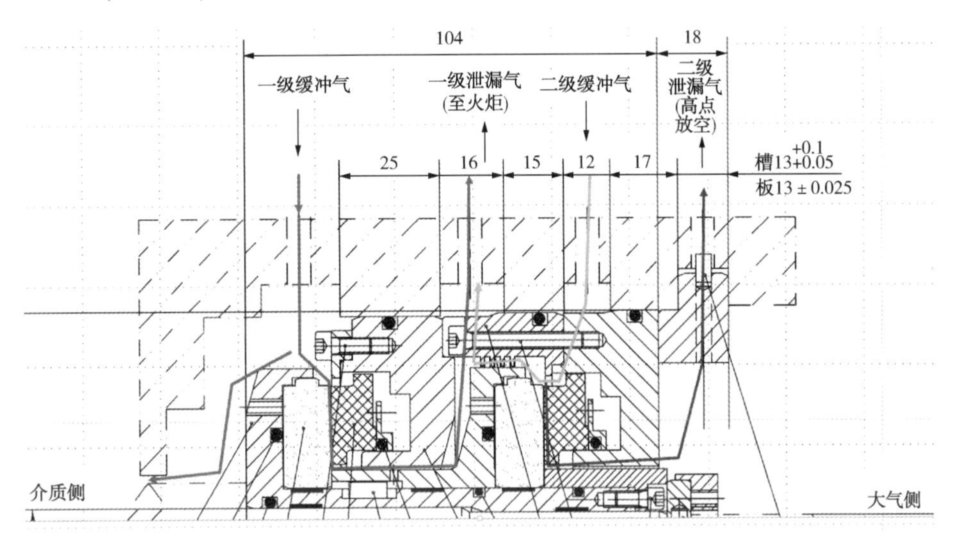

图 30-3 带中间迷宫联式干气密封

氮气与乙烯主密封气连通管线，切断阀“1”关死状态下及单向阀“3”存在内漏，“8”字盲板处于流通状态，乙烯密封气压力大于缓冲气压力，乙烯气倒串入缓冲气/隔离气（氮气）中，导致二级缓冲气排放口和油箱油气含乙烯。见图 30-4。

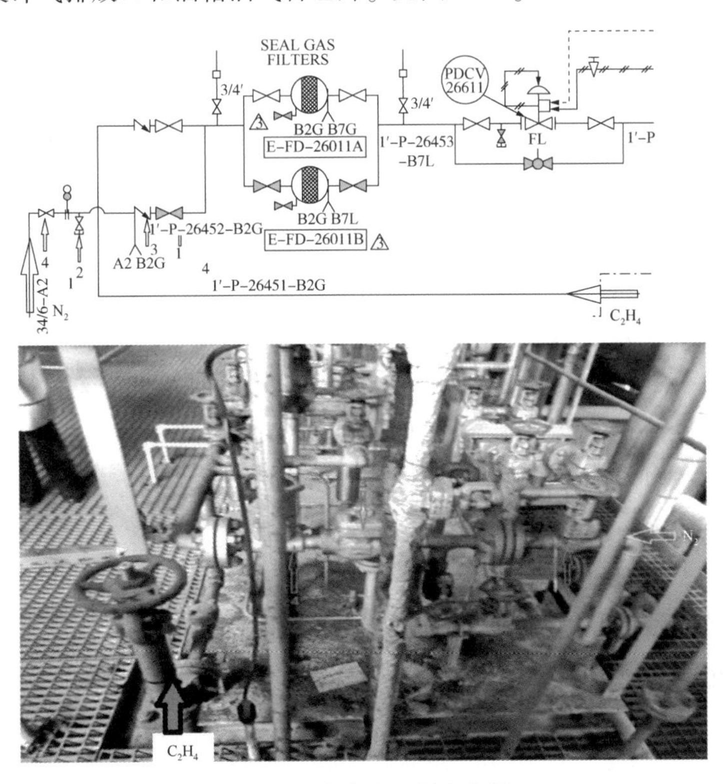

图 30-4 氮气与乙烯主密封

因操作人员现场微开二级缓冲气旁路 PCV22613，提高二级缓冲气压力(设计值 10kPa)，旁路阀打开过程中致使干气密封一级泄漏气压力高高报联锁(30kPa)停机。见图 30-5。

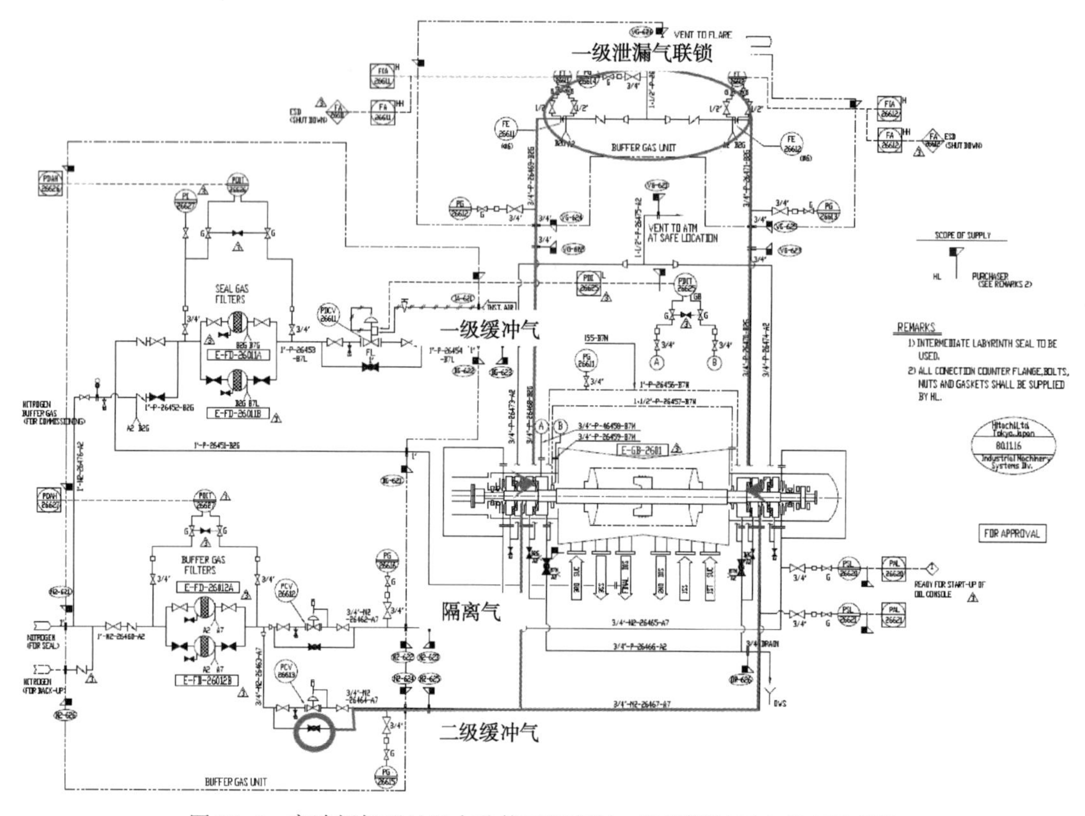

图 30-5 旁路阀打开过程中致使干气密封一级泄漏气压力高高报联锁

1. 直接原因

操作人员打开二级缓冲气旁路，导致干气密封一级泄漏气压力高高报联锁。

2. 间接原因

(1) 氮气与乙烯主密封气连通管线，切断阀“1”关死状态下及单向阀“3”存在内漏，“8”字盲板处于流通状态，乙烯密封气压力大于缓冲气压力，乙烯气倒串入缓冲气/隔离气(氮气)中，导致二级缓冲气排放口、油箱油气含乙烯。

(2) 二级缓冲气旁路未设流量孔板及“运行禁动”标志，导致打开旁路后 N_2 大量串入一级泄漏气造成联锁停机。

3. 根原因

操作人员对于干气密封系统及流程业务知识欠缺，操作前未按制度进行“PSSR”及“JSH”分析，风险控制能力、意识差。

四、故障处理措施

(1) 在 E-GB-2501 及 E-GB-2601 机组氮气与主密封气管线上的阀门设置盲板，并对单向阀进行检查。

(2) 现场二级缓冲气排放口已无乙烯含量，油箱油气中仍有微量含量，安排油品采样，跟踪分析乙烯气在油液中的溶解量，视油品分析结果置换润滑油。

五、管理提升措施

(1) 按照《炼化企业离心压缩机干气密封管理指导意见(暂行)》，上报隐患整改项目，增设密封气、缓冲气流量监测、增加联锁等内容，增加干气密封的可靠性。

(2) 通过开展“四懂三会”等工作，加强操作人员的培训，提升人员能力素质。

六、实施效果

通过对人员培训，对不达标的隐患进行整改，该机组再未发生过相关故障。

案例三十一 乙烯装置丙烯压缩机干气密封泄漏联锁停机故障

一、故障概述

2#烯烃新区乙烯装置丙烯压缩机 GB-2501 因干气密封泄漏量高高报引起联锁停车，同时导致 GB-2601 因出口压力高高报联锁停车。压缩机工艺流程图见图 31-1。

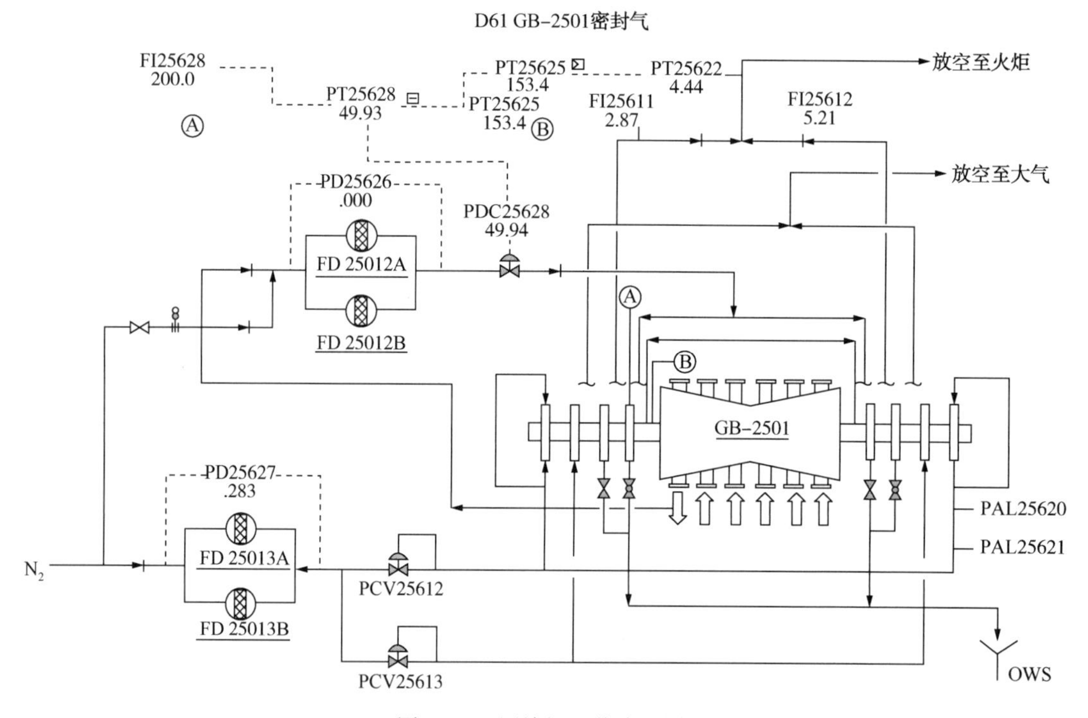

图 31-1　压缩机工艺流程图

二、故障过程

1. 停工经过

2013 年 6 月 19 日 10 时，2#烯烃新区冷区外操接通知对丙烯制冷压缩机 GB-2501 进行机体排污定期作业，10 时 18 分，GB-2501 联锁停车。仪表专业人员接值班长电话后迅速赶到装置控制室仪表机房搜集事件记录 SOE，发现 GB-2501 因干气密封推力端密封气泄漏量 FT25612 高高报引起联锁停车。GB-2501 停车后，由于操作未能及时跟上，导致 GB-2601 因出口压力高高报联锁停车。

2. 操作处理

装置立即安排 DC2390、E-GB-2300A/B 按 PB 手动停车，切断冷区进料，冷箱及各塔保压保液，GB-2201 继续运转，物料由五段出口放火炬。经检查发现 GB-2501 密封气泄漏管线排污阀内漏，而总排污阀堵塞。GB-2501 机体排污时，导致丙烯串入密封气泄漏管线引起干气密封泄漏量 FT25612 高高报联锁(关闭机组排污后报警灯消失)。

3. 开工过程

2013 年 6 月 19 日 10 时 40 分，GB-2501 恢复开机，开启至 1000r/min 进行暖机，10 时 59 分，GB-2601 也开启至 1500r/min 暖机。11 时 17 分，GB-2501/GB-2601 逐渐升速到最小调速后切至室内调节。13 时 5 分，冷箱开始充压，14 时 40 分冷区开始进料，五段出口 PV22081 放空阀关闭，冷箱及 DA-2310、DA-2320、DA-2340 塔逐一进料。16 时开甲烷化反应器 DC-2390，同时开启 GB-2300，18 时 48 分，氢气产品外送并网，20 时 8 分，新区丙烯合格进合格罐，20 日 5 时，新区乙烯产品合格进合格罐。

三、故障机理分析

略。

四、故障原因分析

1. 直接原因

操作工机体排污时，丙烯串入密封气泄漏管线内引起 GB-2501 干气密封泄漏量 FI25612 高高报联锁停车。

2. 间接原因

如图 31-2 所示，①至④号阀门为 GB-2501 机体排污阀、⑤号阀门为密封气泄漏管线排污阀、⑥号阀为排污管线总阀。

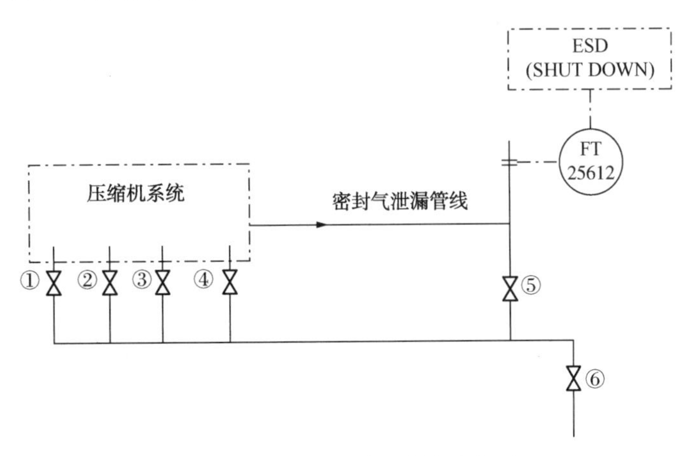

图 31-2　压缩机排污管线示意图

排污管线使用普通碳钢管线，经过长时间运行后管内锈蚀物脱落将排污阀⑥堵塞；密封气泄漏管线排污阀内漏。

正常生产时⑤号阀门为关闭状态，压缩机机体排污操作时，因⑤号阀内漏，且⑥号阀不通畅，导致丙烯经⑤号阀门串入密封气泄漏管线内，经 FT25612 后排入火炬，引起该流量高高报联锁。

3. 根原因

（1）岗位操作人员对于工艺操作可能对机组造成的影响认识不够，风险控制能力、意识较差，反映出烯烃新区在培训工作上存在不足。

（2）原始设计存在弊端，GB-2501 密封气泄漏管线排污与压缩机机体排污使用同一个总管排放，造成运行操作隐患。

（3）装置对于大机组的风险辨识及检查维护不足、预防性检修开展不到位，未能及时发现密封气泄漏管线排污阀严重内漏问题，造成排污系统设备设施不完好。

五、故障处理措施

（1）临时措施：在⑤号阀门加盲板，恢复开机。

（2）长久措施：

① 在大修期间将密封气泄漏管线排污阀更换。

② 对密封气泄漏排污管线进行整改，将机体排污和密封气排污管线分开，分别使用单独的排污管线(现临时在两个排污中间法兰处加盲板，以防止互串)。

③ 大修时将机体排污管线更换为不锈钢管线。

④ 待装置下轮停工检修时将干气密封联锁逻辑一取一修改为三取二。

⑤ 增加 20kPa 干气密封泄漏量声光报警(联锁值：30kPa)。

六、管理提升措施

（1）指导操作人员在对同类设备进行排污操作前对流程进行确认，防止类似事件再次发生。

（2）对 GB-2601 等机体排污管线和密封气泄漏排污管线进行排查，确认是否存在相同的情况。

七、实施效果

未发生重复故障。

案例三十二

合成氨装置合成气压缩机四缸干气密封失效故障案例

一、故障概述

2019 年 7 月 7 日，合成氨装置压缩机第四缸非驱动端干气密封失效，引起 TC-5201 机组联锁停机。

二、故障过程

2019 年 7 月 6 日合成氨装置开车，7 月 7 日 3 时 45 分合成氨装置合成压缩机 TC-5201 第四缸排出端干气密封一级泄漏气压力及流量向上轻微波动，3 时 54 分该套密封的一级密封气流量存在一个短时升高，达 $259m^3/h$（正常流量 $219m^3/h$）；密封气与缸体压差波动，先略有上升后，随即又降下来；4 时 8 分该干气密封泄漏气压力及流量又发生波动，4 时 9 分该干气密封一级泄漏气压力和流量突然陡升，泄漏气压力及流量瞬时满表，该压缩机第四缸非驱动端干气密封失效，引起 TC-5201 机组联锁停机，造成合成氨装置非计划停车。在此期间工艺负荷及机组进出口压力基本稳定。

2019 年 7 月 9 日对干气密封进行拆解，发现一级密封动环径向出现 14 条裂纹，其中 11 条贯穿裂纹，同时动环内圈有磨损痕迹。一级密封静环端面严重磨损，弹簧蓄能密封圈损坏并脱出，环面磨损严重。二级密封动静环端面磨损，表面附着杂质。同时四缸驱动端干气密封拆解发现密封存在进油液现象，腔体内存在油迹。发现一级泄漏气管道内部较脏，且比较湿润。

三、故障机理分析

2019 年 6 月 13 日至 14 日，由于合成氨装置火炬管线堵塞，致使一级泄漏气压力偏高，而流量偏低，特别是四缸，泄漏气流量仅为正常值的 40%左右，见表 32-1。不利于干气密封运行热量的带走，对动静环可能造成影响，干气密封在此工况运行 26h。

表 32-1　TC-5201 四缸一级泄漏气压力及流量

工艺参数＼时间	6 月 14 日				6 月 15 日			控制范围
	8	12	16	20	0	4	8	
主密封气流量 FID5281D	247. 66	222. 39	221. 02	216. 62	292. 17	257. 14	264. 7	190~250
主密封气流量 FID5282D	229. 53	230. 91	231. 32	222. 53	210. 2	204. 67	222. 5	190~250

续表

工艺参数 \ 时间	6月14日				6月15日			控制范围
	8	12	16	20	0	4	8	
一级泄漏气流量 FID5285D	14.54	14.36	11.54	11.36	5.60	5.60	7.91	12~18
一级泄漏气流量 FID5286D	14.89	14.34	11.70	11.70	7.36	7.37	5.93	12~18
一级泄漏气压力 PIT5281D	0.034	0.040	0.097	0.100	0.166	0.161	0.176	0.01~0.1
一级泄漏气压力 PIT5282D	0.033	0.039	0.098	0.100	0.165	0.161	0.176	0.01~0.1

四、故障原因分析

1. 直接原因

本次密封失效直接原因是静环弹簧蓄能密封圈在高压下脱落，造成动静环严重接触摩擦，急剧升温使动环碎裂。

2. 间接原因

(1) 火炬背压升高的影响，火炬管线堵塞后，造成泄漏气流量减小，密封热量散失缓慢，密封腔温度持续升高。使静环密封圈变软，在高压下被吹出的风险增大。此外火炬管网中杂质和液体倒灌至密封会造成端面磨损。杂质可能会附着在密封圈位置，挤出密封圈，造成密封瞬间失效。

(2) 多次开停车的影响，干气密封最大的优势是密封运行时端面脱离，避免了端面的接触摩擦和磨损，从而实现密封长周期运行。但在干气密封启停和盘车的过程中，由于端面无法形成有效的气膜，端面不能全部脱开，存在接触摩擦，密封端面磨损程度不断累积恶化，磨痕会扩大到整个端面，最终导致密封失效。特别是汽轮机驱动，盘车时间一般超过 48h，这对干气密封影响较大。

3. 操作原因

当停机时，不能及时把工艺气切换为氮气，容易导致密封气无法注入密封腔，动、静环无法分离，此时容易出现机组内未过滤的工艺气体进入密封区，污染干气密封，另外，此时机组还在停车惰走运行中，密封动、静环产生摩擦受损。

五、故障处理措施

对 TC-5201 的四个缸 8 套干气密封全部进行更换，更换背压管线内漏阀门，防止背压管线再次堵塞。

六、管理提升措施

(1) 每年停工检修时对泄漏气管线拆开进行检查、清洗，防止杂质倒灌进入密封，定期检查和更换过滤器滤芯(每半年一次)，避免杂质进入污染密封。

(2) 控制启停次数和盘车时间，尽可能减少机组开停时低速盘车时间，避免密封端面过度磨损。

（3）优化停车方案。在主密封气管道上增设加压泵，保证停车过程中主密封气流量。

（4）对此次事故处置进行总结，制定机组干气密封泄漏应急预案，组织职工学习和演练，提高职工应急处置能力。

七、实施效果

至今机组未发生此类型密封泄漏事故。

案例三十三
氯乙烯装置循环气压缩机干气密封损坏故障案例

一、故障概述

2021 年 3 月 23 日 18 时 21 分，2#氯乙烯装置循环气压缩机 120K-001 联锁停车。当班人员立即汇报厂调度和相关领导，并启动应急预案进行应急处置，排查联锁停车原因。检查发现 120K-001 干气密封排放压力在 18 时 21 分 10 秒突然上涨，在 18 时 21 分 20 秒达到高高联锁值 0.025MPa 以上，导致循环气压缩机 120K-001 联锁停机。通过对 120K-001 停机之前的轴位移、振动值等进行检查，发现均正常。为平衡二氯乙烷负荷，两台裂解炉停车，直接氯化 110 号单元降负荷运行。23 时，120K-001 工艺处理完毕交设备检修。3 月 24 日 22 时 35 分检修完毕后试车正常，系统开车。

二、故障过程

3 月 24 日 9 时 50 分拆卸干气密封解体，发现动环出现多处贯穿裂纹、静环出现环向磨损沟槽、静环辅助密封圈老化。见图 33-1～图 33-3。

图 33-1　干气密封静环辅助密封圈老化

图 33-2　干气密封动环存在裂纹

上次机组检修时间为 2015 年 3 月 13 日，更换干气密封一套。2021 年 2 月 20 日 15 时，乙烯水务车间氯碱空压站供出的仪表风压力突然大幅降低，造成 120K-001 循环气压缩机干气密封吹扫气(气源为仪表风)压力迅速降低至 0.52MPa，低于低限联锁值 0.55MPa，触发 PSLL52491 压力联锁开关，造成机组停机。确认联锁停机原因后，立即将机组干气密封气气源由仪表风切换为氮气，15 时 20 分机组开机运行正常。

图 33-3 干气密封静环存在磨损

三、故障机理分析

120K-001 循环气压缩机干气密封气为仪表风，露点-40℃以下。上次检修 2015 年 3 月 13 日至 2021 年 3 月 23 日，120K-001 循环气压缩机干气密封连续运行 6 年，超过中国石化《炼油企业压缩机组干气密封管理指导意见》规定的周期 5 年，运行时间较长；并且原设计密封气源为氮气，改为仪表风后，洁净度达不到要求，造成动静环摩擦；停机和开机过程，动静环间气膜未形成。摩擦后，不仅动静环之间发生磨损，干气密封配合面损伤，而且产生大量热量导致静环辅助密封圈老化。

四、故障原因分析

1. 直接原因

循环气压缩机 120K-001 干气密封长周期运行，静环辅助密封圈老化，使静环浮动性变差。动环高速旋转产生的气膜无法推动静环，动环和静环接触瞬间大量发热，导致动环和静环损坏、干气密封失效。

2. 间接原因

（1）2 月 20 日，120K-001 密封气压力低，机组故障联锁停机，开车过程动环、静环摩擦，密封面受到损伤。

（2）上次机组检修时间为 2015 年 3 月 13 日，至 2021 年 3 月 23 日，干气密封连续运行 6 年，干气密封运行周期较长。

（3）机组设备预知性检修管理不到位，循环气压缩机干气密封更换周期制定不合理。

（4）变更管理风险辨识不到位，对循环气压缩机干气密封气源由氮气改为仪表风后存在清洁度差的风险认识不充分。

（5）日常维护检查工作不扎实，大机组隐患排查处理不到位。

五、故障处理措施

循环气压缩机干气密封检修严格执行中国石化《炼油企业压缩机组干气密封管理指导意

见》。预制管线，从公司氮气管网接通干气密封气源。机组为电机驱动，并且不发生倒转，建议将动环密封槽双向槽改为单向槽。做好循环气压缩机 120K-001 干气密封日常维护和定期检查工作，修订大机组检修策略，干气密封随大修周期同步更换。定期组织机、电、仪、操、管五位一体对大机组进行隐患排查，确保大机组稳定运行。组织开展大机组实操培训，重点培训大机组知识和异常情况下的应急处置，提升专业技术人员分析判断和指挥能力，提高操作人员的操作技能和熟练程度，确保在气源压力波动或工艺异常波动等异常情况时能够及时高效处置。利用大检修机会对循环气压缩机 120K-001 干气密封气源进行改造，引入干气密封专用氮气气源，履行好变更手续，消除机组运行隐患。利用大检修机会，配制一条从氮气管网到机组的独立管线，保证机组稳定运行。针对事件发生的情况，进行员工应急操作和处置的培训。加强计划性定期检修，及时更换易损件。根据事故的教训和经验，进一步完善和优化同类事故应急预案，并作必要的拓展。加强日常巡检和点检的力度，对巡检和点检的质量加大考核。

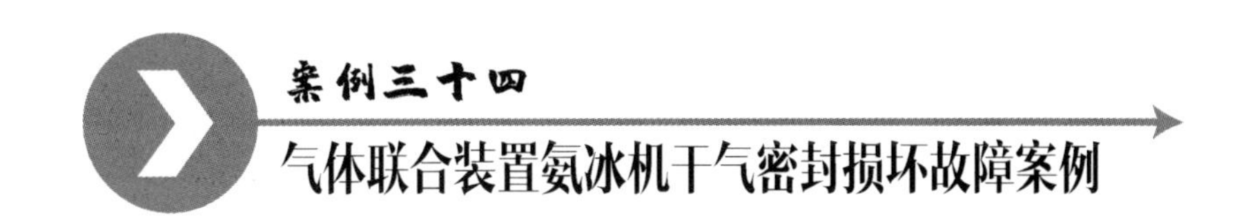

案例三十四 气体联合装置氨冰机干气密封损坏故障案例

一、故障概述

2010 年 2 月 4 日 10 时 45 分，气体联合车间净化装置 2400#氨冰机 KT-2401 高高联锁停车。

2010 年 9 月 29 日 8 时 59 分气体联合车间净化装置 2400#氨冰机 KT-2401 因干气密封高压缸低压端一级泄漏气排放压力高联锁停车。

二、故障过程

2010 年 2 月 4 日 10 时 45 分，气体联合车间净化装置 2400#氨冰机 KT-2401 因干气密封高压缸低压端排放压力 PIA24424 高联锁 PSA24425 联锁动作而停车。仪表将干气密封高压缸低压端排放压力高联锁切除后冰机热启动，因干气密封高压缸高压端排放压力 PIA24427 高联锁 PSA24428 联锁动作，11 时 35 分冰机再次停车。2010 年 2 月 6 日 15 时更换干气密封后开车正常。

2010 年 9 月 29 日 8 时 59 分气体联合车间净化装置 2400#氨冰机 KT-2401 因干气密封高压缸低压端一级泄漏气排放压力高联锁停车。第一时间判断的故障原因：氨压缩机组高压缸低压端干气密封失效。现场观察高压缸低压端与高压端，一级泄漏气都存在泄漏现象。通过进一步现场判断，确认干气密封失效，解体检修更换高低压缸四套干气密封，同时为防止冰机干气密封工艺气带液增加分液罐改造并增加伴热。10 月 3 日 17 时 50 分重新开车后运行良好。拆卸检查发现高压缸非驱动端一级干气密封动静环碎裂，从碎裂程度看，是突然大量液体进入干气密封，造成液击，干气密封密封面高热，导致碎裂。

三、故障机理分析

气体联合车间净化装置 2400#氨冰机 KT-2401 为 NK25/28/25 型汽轮机。压缩机密封为四川某密封公司制造。

2010 年 2 月 4 日故障机理分析过程：

干气密封的工作气体是由来自压缩机出口端工艺气经过滤和调压后的气体，过滤器可除掉气体中 1μm 以上的固体颗粒，但对液体去除效果不理想。现场过滤器分解拆卸时发现其底部排凝口有轻微的油类液体积存。

压缩机两端密封腔经平衡管平衡后应均为入口压力，但实际压比较大的压缩机，两端密封腔可能有压力差。工艺波动时会导致脏工艺气倒灌损伤密封。

通过对干气密封的拆检探查，发现该机组的轴瓦距离隔离梳齿过近，在运行时靠近密封处油位高漫过梳齿，经轴瓦后呈喷射状快速流出，使润滑油穿过隔离梳齿进入密封区域，最终造成干气密封失效。

2010 年 9 月 29 日故障机理分析过程：

干气密封设计要求：现场中压氮气(1.3MPa)作为隔离气及二级缓冲气气源。开机时采用中压氮气(1.3MPa)作为一级缓冲气气源，正常运转时采用机组出口端工艺气经冷却除液后作为干气密封的一级缓冲气，但是 KT-2401 没有安装工艺气除液装置。

干气密封运行时对缓冲气中杂质非常敏感，遇到大量的液体会引起密封的突然失效。过多的液体进入干气密封端面，在动压槽表面会引起动压效应降低甚至完全消失，使端面无法脱开，在高速运行下动静环的接触会导致瞬间大量发热，使碳化硅受到剧烈热冲击而炸裂。

四、故障原因分析

2010 年 2 月 4 日故障原因分析：

干气密封损坏的直接原因是油进入干气密封的端面，使油膜附着在动压槽表面，在高速运行下动静环直接接触，导致瞬间大量发热使碳化硅材质密封组件炸裂。

油进入干气密封的根本原因有三点：①工艺气带液，密封气管线保温以及气液分离措施存在问题；②生产波动造成工艺气倒串；③干气密封结构设计缺陷无法有效隔离轴承箱润滑油。

2010 年 9 月 29 日故障原因分析：

通过对干气密封的拆检探查，排除在 2010 年 2 月 4 日发生的润滑油进入机械密封的情况。确认本次事故的原因为入口带液。

五、故障处理措施

(1) 在工艺气进入干气密封控制盘前增加气液分离器。

(2) 协同电气运行班对干气密封缓冲气过滤器增加电伴热。

六、管理提升措施

(1) 防止加强干气密封排液管理，每班有一名班长或副班长用测温枪测量以下温度并做记录和交接班：

① 干气密封过滤器后减压阀前温度；

② 高压缸高、低压侧电伴热后温度；

③ 低压缸高、低压侧电伴热后温度；

④ 分液罐液位。

(2) 当测量温度低于 30℃，立即询问电气运行班电伴热运行情况，检查分液罐液位，保证每班排放至无积液。岗位操作人员巡检时必须检查分液罐液位，有液位必须及时排放。同时设备管理人员定期对记录真实准确性进行考核。

案例三十五
芳烃装置歧化单元歧化循环气压缩机干气密封损坏故障案例

一、故障概述

2012 年 11 月 29 日 0 时 13 分，烯烃厂芳烃装置歧化单元歧化循环气压缩机 GB-201 因非驱动端干气密封泄漏严重导致联锁停车。停机中因班组人员操作不当致使压缩机在 1 时 13 分才彻底停机，造成设备的进一步损伤。停机后更换两端干气密封，更换转子，更换非驱动端干气密封一级泄漏气排放线单向阀，清理一级泄漏气排放管线。在 2012 年 12 月 4 日 22 时压缩机启动成功，运行无异常。

二、故障过程

歧化循环气压缩机 GB-201 的二级干气密封的石墨静环端面一处存在通痕，碳化钨动环碎裂(图 35-1)、非驱动端二级密封静环磨损(图 35-2)。干气密封一级泄漏气压力联锁设置为二取二，在非驱动端一级泄漏气压力达到联锁值时，机组并未停机。值班及当班人员错误地将紧急停机当作正常停车进行操作，错过了最佳停机时间。

图 35-1　非驱动端二级密封动环碎裂

图 35-2　非驱动端二级密封静环磨损

三、故障机理分析

烯烃厂芳烃装置歧化单元歧化循环气压缩机 GB-201 为日本生产的 BCL 354 型压缩机，使用四川某密封公司生产的干气密封。导致干气密封泄漏事故的直接原因是：一级泄漏气排放的火炬系统内气液两相的背压过高，气液倒灌入密封系统。

原 GB-201 压缩机干气密封系统中一级泄漏气排放至湿火炬系统的管线设计存在较大

风险，该处火炬线位于一层管廊，是加氢装置的位置最低处，易造成液体聚集，对压缩机干气密封的安全运行构成威胁。

GB-201 压缩机非驱动端干气密封一级泄漏气排放线单向阀存在内漏问题。将非驱动端单向阀反向灌水静立，渗漏的水流成线，而驱动端单向阀无明显渗漏情况。

GB-201 压缩机干气密封系统中，为保证二级干气密封正常运行，要求保持 0.05MPa 的背压。事故发生时，因火炬系统存在至少 0.1MPa 背压，在 0.05MPa 以上压差作用下，接近凌晨环境温度的火炬线内气液在极短时间内倒灌入非驱动端干气密封，在机内气体 55℃左右的工况下形成热冲击，导致一、二级干气密封几乎在同一时间密封环碎裂，发生泄漏事故。

四、故障原因分析

导致干气密封泄漏事故的直接原因是：一级泄漏气排放的火炬系统内气液两相的背压过高，气液倒灌入密封系统。

五、故障处理措施

（1）在芳烃装置加氢单元排往湿火炬的流程上，拆除设计上没有的排往湿火炬的流程，FA613 燃料气储罐的液体排放由排火炬系统改往进加氢地槽。

（2）对单向阀进行试漏后更换。

（3）GB-301 压缩机一级泄漏气排放改至湿火炬管线高点处。

（4）GB-601 和 GB-701 压缩机一级泄漏气排放线改至三加氢反应区火炬线。

（5）从加氢湿火炬线铺设一条排液线排液至 FA-404 罐回收。

（6）加快实施二、三加氢单元汽提塔 DA603/703 塔顶尾气改进芳烃装置 GB-201 入口项目，彻底解决加氢湿火炬线带液问题。

六、管理提升措施

（1）全面检查全厂干气密封的泄漏气排放点位置，防止因管线入口位置不合理造成的气液倒串。

（2）对机组保护性操作进行再汇编，做好应急预案，对岗位操作人员进行交底培训和定期演练。

（3）对可能串压引发机组事故的单向阀进行汇总，择机进行拆检测漏。

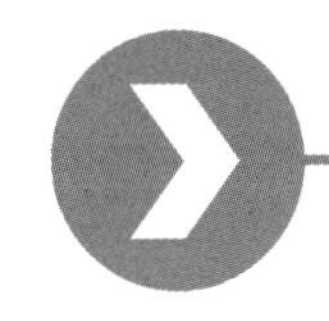

案例三十六

芳烃装置二甲苯单元异构化压缩机干气密封损坏故障案例

一、故障概述

2012 年 6 月 23 日 15 时 36 分，烯烃厂芳烃装置锅炉水系统出现异常，导致二甲苯单元异构化压缩机 GB-301 的透平驱动机和循环氢波动。室内 DCS 显示高压侧一级泄漏气流量超量程，干气密封泄漏。7 月 3 日 6 时压缩机停车检修，7 月 6 日 11 时开车，运行无异常。

二、故障过程

对干气密封系统进行拆解发现靠干气密封一级泄漏气排放口处颜色发蓝，附着黑色炭粉状油质物。见图 36-1。

一级密封静环有两道裂纹，静环碎裂，与动环有摩擦，内部较脏。见图 36-2。

图 36-1　干气密封

图 36-2　有裂纹的密封静环

回装时发现隔离气软管末端断裂，对其进行修复处理后，检验合格，进行回装。

三、故障机理分析

烯烃厂芳烃装置二甲苯单元异构化压缩机透平 GT-301 为进口的 B4-R1 型压缩机，使用四川某密封公司生产的干气密封。经过系统性拆检判断和操作记录调查，发现：

(1) FA301 分离罐上部丝网除沫器破损、失效，导致气液不能很好地进行分离，使得部分液体进入到压缩机中。

(2) 在 BA301 炉点火升温到异构化单元投料过程中操作不精细，造成工艺系统带液。

四、故障原因分析

密封气带液，进入密封系统后造成动环、静环出现碰磨情况，长时间磨损导致静环碎裂。

五、故障处理措施

(1) 改用干燥高压氮气作为一级密封气，控制高压氮气的压力和流量。
(2)现场压力表从 0.25MPa 变更为 0.6MPa，匹配实际压力。
(3) 运维仪表更换现场压力变送器，并对管线进行排凝。
(4) 严格控制工艺参数，避免工艺系统的带液。

六、管理提升措施

对全厂机组干气密封的密封气系统进行再排查，统计无备用气源的干气密封，及时申报计划通过设计添加消除隐患。同时对仪表附件不满足工况条件的进行梳理，督促运维做设计变更。对班组进行培训，加强操作岗位对工艺波动的处理能力。认真执行干气密封的排液操作制度。

案例三十七

乙烯装置裂解气压缩机干气密封联锁停车故障案例

一、故障概述

2010年12月28日下午，烯烃厂乙烯装置压缩区装置裂解气压缩机ESGB-201高压缸东侧干气密封一次泄漏量开始下降，此期间机组及东侧干气密封其他工艺参数均运行正常。机组监控运行至2011年1月4日8时49分，机组因高压缸东侧干气密封泄漏量高，突发联锁停车。14时30分裂解气压缩机组开始低速暖机开车，至5日6时30分装置恢复满负荷运行。

二、故障过程

机组高压缸东侧干气密封一次泄漏量在2010年12月28日至2011年1月4日的流量异常波动是造成机组联锁停车的原因。流量波动从2010年12月28日下午开始，首先将至0，然后对二次密封气操作提升至2m³/h。但在2011年1月2日下午再次降至0，最后在1月4日上午突发高联锁停车。见图37-1。

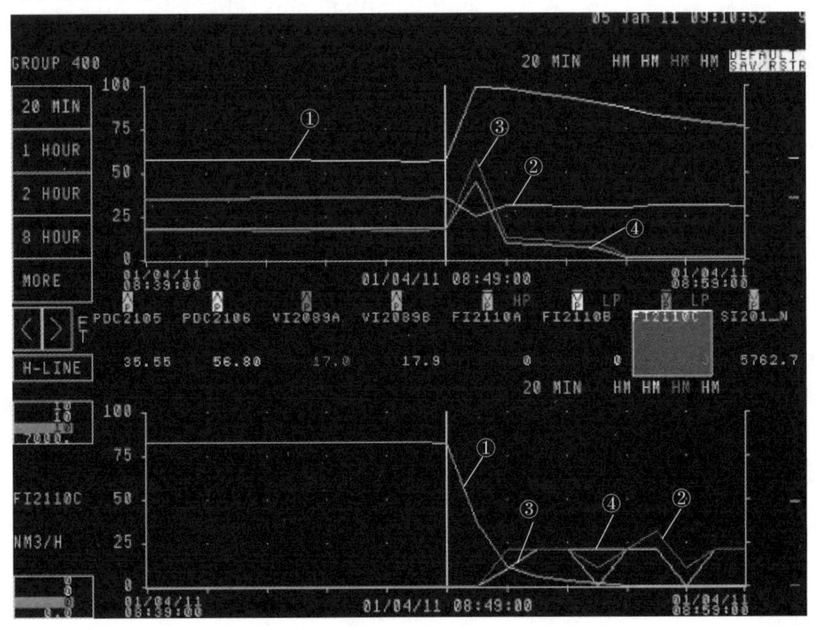

图37-1　机组振动及泄漏量趋势图

图片上半部曲线		
蓝色①	PDC2105	一级密封气与平衡管气压差
黄色②	PDC2106	一级密封气与平衡管气压差
红色③	VI2809A	机组振动曲线
绿色④	VI2809B	机组振动曲线
图片下半部曲线		
绿色①	SI201A	转速曲线
红色②	FI2110C	一级泄漏量曲线
黄色③	FI2110B	一级泄漏量曲线
蓝色④	FI2110A	一级泄漏量曲线

三、故障机理分析

（1）一级泄漏气放空火炬线冻堵。1 月 4 日上午 8 时 49 分，火炬线冻堵部位受气温影响疏通，憋存在密封腔内的气体引发 GB-201 高压缸东侧干气密封泄漏流量高，突发联锁停车。干气密封结构见图 37-2。

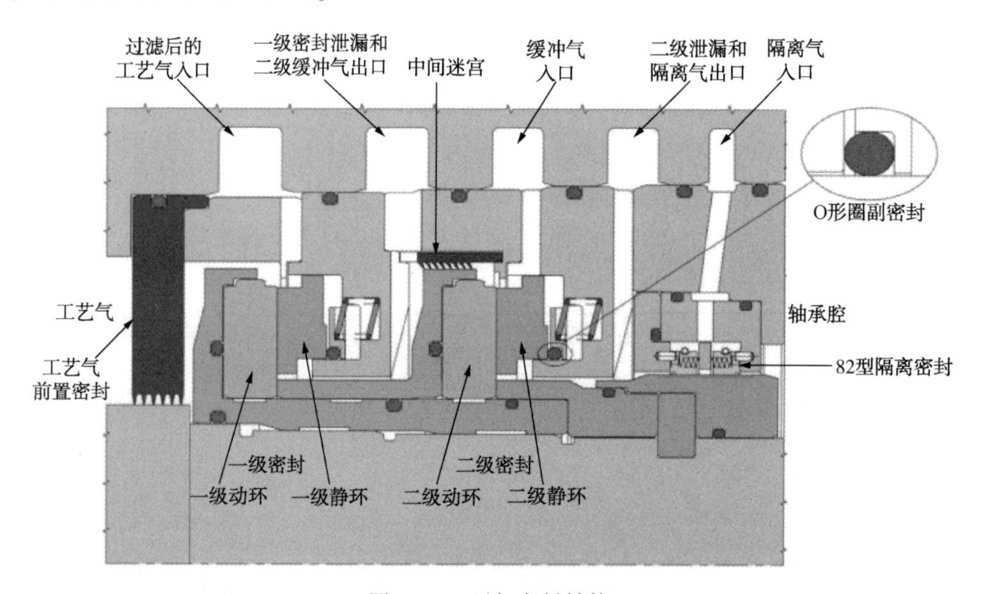

图 37-2　干气密封结构

（2）一级泄漏气流量孔板后单向阀卡涩，造成管线流通不畅。

（3）干气密封一次泄漏气管线因气温下降造成的应力，发生了连接法兰的泄漏。

四、故障原因分析

1. 直接原因

排放气火炬线冻堵。

2. 间接原因

泄漏时未能及时排查原因。泄漏气排放管线缺少伴热，导致在极端天气下孔板后单向阀卡涩，也未采取有效的防范措施。

设备管理人员对机组和密封的掌握不到位，对事故苗头判断不准确。故障处理措施不果断及时。

五、故障处理措施

增加裂解气压缩机一次密封泄漏气压力指示仪表，增加报警功能，便于及时发现单向阀卡涩并及时处理。

增加干气密封泄漏气体排放火炬管线的伴热，防止带液或冻堵。增加干气密封一次泄漏气流量报警，及时发现和避免事故。

定期对二次泄漏气体进行取样分析，实时监控二次密封可能发生的问题。

六、管理提升措施

(1) 对其他采用干气密封的机组排放气流程进行梳理，定期检查附件的完好性。

(2) 对受气温影响有可能冻凝冻堵导致停车风险的管线增加伴热。

(3) 定时对干气密封系统各法兰进行检漏消漏，杜绝因泄漏引起的仪表误报警。

第四章　辅助系统

案例三十八
乙烯装置二元制冷压缩机联锁停机故障案例

一、故障概述

2008年3月31日10时54分，乙烯装置压缩机GB-351因调速油泄压电磁阀EMV3512线圈故障，导致调速油泄压，主汽阀关闭停车。

二、故障过程

首先对调速油低联锁(PA3513L)压力开关进行检查校验，未发现异常。检查发现泄压电磁阀EMV3512内部线圈绝缘皮已经焦化变色，线圈烧毁，测量电磁阀线圈阻值为40Ω，明显低于正常线圈阻值(正常值270Ω)。随后检查电磁阀线路，发现保险管已熔断开路。更换保险管以及故障电磁阀的电感线圈后故障排除，EMV3512恢复正常。

三、故障机理分析

更换保险管以及故障电磁阀的电感线圈后故障排除，EMV3512恢复正常。

四、故障原因分析

根据SOE记录显示，第一动作记录出现在10时54分28秒，是调速油压力低联锁(PA3513L)。第二动作记录出现在11时1分13秒，是按下压缩机入口阀切断按钮(PB2304D)。在后续记录里也反映了三个入口切断阀的关闭动作状态。但是没有调速油辅助泵自启动的事件记录，且现场辅助油泵实际也没有启动。工艺提供的停车情况是，首先发现调速油压力低联锁(PA3513L)，调速器发出跳闸信号停车，调速阀关闭，工艺人员发现后按下了压缩机入口阀切断按钮(PB2304D)，紧急关闭了入口阀XV2311/XV2312/XV2313。这与我们在SOE中看到的事件记录是相符的。从电磁阀拆检情况看，由于电磁阀长时间带电工作，温度过高，线圈内部绝缘能力降低，阻值减小造成过载。保险管熔断使电磁阀失电打开，调速油被泄压，调速阀关闭。

五、故障处理措施

略。

六、管理提升措施

（1）针对此类电磁阀重复发生类似问题，加强对装置关键联锁仪表的监控，排查其余电磁阀是否有故障征象，并及时制定安全措施进行相应处理，在工作中尽可能缩短故障处理反应时间。对关键机组电磁阀进行定期检修并实行寿命更换。

（2）结合现场电磁阀的实际情况，对原始设计的33W电磁阀和本次更换的23W电磁阀的工作电流进行了测量，发现选用功率为33W电磁阀，工作电流约为410MA，当更换为23W的电磁阀时工作电流为260MA。更换23W的电磁阀后，在保证所需功率的情况下，大幅度减少线圈热量产生，利于电磁阀长期稳定工作。

七、实施效果

以后未出现过类似故障。

案例三十九

丁基橡胶装置乙烯压缩机联锁停车故障案例

一、故障概述

2015 年 1 月 16 日 01 时 13 分 07 秒，橡胶二厂丁基橡胶装置乙烯压缩机 K-101 发生电子超速联锁停车。

二、故障过程

检查 K-101 停机前汽轮机转速、轴振动、位移均无异常。进一步检查发现 K-101 汽轮机三个测速探头中 SE01003 已于 2015 年 1 月 11 日 23 时 18 分故障。机组电子超速联锁设置为三取中联锁，若其中一个测速探头故障，联锁设置自动转换为二取高联锁。SE01002 于 2015 年 1 月 16 日 00 时 11 分开始出现波动，直至 01 时 13 分 07 秒，SE01002 数值波动达到 10983r/min，超过电子跳闸转速 10923r/min，机组发生联锁停车。

三、故障机理分析

略。

四、故障原因分析

运保中心相关人员拆检 K-101 三支测速探头发现存在磨损痕迹，见图 39-1。

因丙烯压缩机 K-201 运行过程中有一支测速探头失效，鉴于 K-101 探头磨损情况，对其一并进行拆检，发现损坏严重，见图 39-2。对 K-201 其余两支测速探头进行检查，没有发现磨损痕迹，测量探头与测速齿间隙，数值在 1. 0mm 左右，符合安装要求。

图 39-1　K-101 故障探头磨损情况

图 39-2　K-201 故障探头损坏情况

检查K-101、K-201振动趋势，自2012年9月27日至2015年1月16日，K-101汽轮机最大振动值为0.024mm，K-201汽轮机最大振动值为0.048mm，均无异常，振动数值远小于探头与测速齿的间隙要求值1.0mm。

利用扳手检查测速盘螺栓紧固情况良好，无松动；利用百分表检查测速盘跳动值，结果正常；利用扳手检查测速探头悬架螺栓紧固情况良好，无松动迹象。

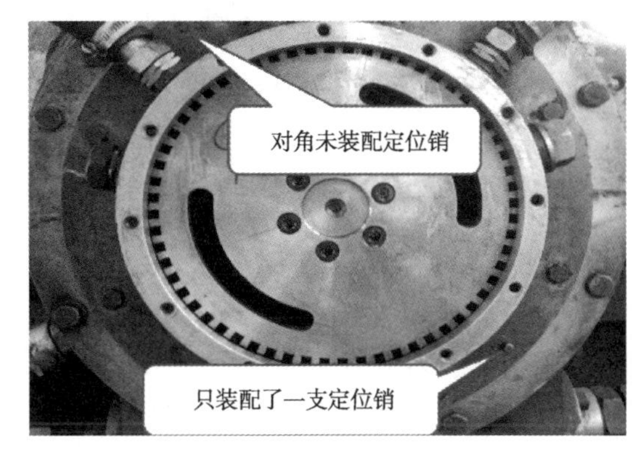

图39-3 K-201测速探头悬架
（只装配了一支定位销）

检查K-101测速探头悬架与轴承箱连接处无定位措施，K-201测速探头悬架与轴承箱连接处只装配了一支定位销，见图39-3。

测量悬架紧固螺栓直径为$\phi 8$，螺栓孔径为$\phi 10$，在悬架没有良好定位的情况下，若安装过程控制不好，探头位置将比正确位置下沉约1.0mm，探头与测速齿存在接触磨损的可能，在2012年检修过程中，转速探头未单独拆装，而是与悬架整体拆除，机组检修后又整体安装，设备检修人员与仪表人员主观上认为转速探头与测速齿间隙不会发生变化，仍然保持原始间隙1.0mm，但因悬架与轴承箱连接处无定位措施，安装后运保中心相关人员也未对探头与测速齿间隙进行检查确认，最终导致探头被长时间摩擦直至损坏。

综上分析，探头与测速齿间隙过小，导致测速探头磨损失灵，测速不准，导致联锁停车。

五、故障处理措施

（1）对K-101、K-201探头进行重新标定，K-101更换故障探头两支，K-201更换故障探头一支。

（2）重新加工定位销，对测速探头悬架进行定位，利用塞尺测量调整K-101、K-201探头与测速齿间隙，盘车选取多点进行测量参考，间隙控制在1.2mm（标准要求0.8~1.5mm）。

六、管理提升措施

（1）在机组检修过程中必须严格按照规定的技术要求进行质量管控，在机组运行过程中严格落实特护管理工作，及时发现并处理存在的异常情况。

（2）对机组设计、验收环节可能存在的运行隐患进行全面识别与排查，汽轮机转速探头支撑架需要现场配做定位销，避免可能造成支架移动的隐患。

七、实施效果

以后未出现过类似故障。

案例四十

丁基橡胶装置氯甲烷压缩机波纹管泄漏故障案例

一、故障概述

2021 年 8 月 8 日 15 时 8 分丁基橡胶装置现场 G/K-401 机组按指令停机。停机后检查发现 K-401 一段出口波纹管发生泄漏，见图 40-1。

图 40-1 波纹管泄漏情况

二、故障过程

2021 年 8 月 8 日 14 时 48 分，丁基区域执行厂调度指令：界区中压蒸汽发生波动，启动《合成橡胶厂蒸汽波动应急预案》。装置人员立即执行应急预案，15 时 8 分丁基橡胶装置现场停 G/K-401 机组。停机后在压缩机厂房二楼现场巡检，发现 K-401 附近存在异常气味，判断压缩机附近有氯甲烷逸散。在随后的检查中发现 K-401 一段出口波纹管发生泄漏。

三、故障机理分析

该波纹管于 2014 年投用，设计压力 1.6MPa，工作压力 0.37MPa，设计温度 110℃，工作温度 107℃，补偿量 200mm，工作介质主要包括氯甲烷(92.21%)、异丁烯(4.61%)和水(2.32%)。该波纹管材质为 316L，位于压缩机下方。波纹管位于大拉杆补偿器两端，其设计作用是吸收径向位移，也可以由波纹管补偿器吸收管段内部的热膨胀，连杆用来承受波纹管内压力产生的推力。

宏观检查首先发现波纹管为双层结构。波纹管外表面有积垢，清除积垢后，其下面金属仍较光洁，未见点蚀。其次在波纹管波峰及两侧发现多处开裂，裂纹由内向外扩展，沿环向开裂，最长开裂长度达到 1/2 周长。同时通过人工方式剥离波纹管内外层后，内层呈碎片状。

开裂形貌符合氯化物应力腐蚀开裂特征。于是委托检验单位对波纹管试样进行了进一步分析。分别对该波纹管进行应力分析、光谱分析、金相分析及能谱分析，分析结果如下：开裂形貌符合氯化物应力腐蚀开裂特征，于是委托检验单位对波纹管试样进行了光谱、金相、能谱等进一步分析，并且对该管线进行应力分析，通过计算可以看出该波纹管虽受扭转应力，但远未超过材料许用剪切应力，所以不会对波纹管的强度造成破坏。

依据标准《不锈钢和耐热钢 牌号及化学成分》(GB/T 20878—2007)测定，316L 不锈钢的组分标准值：截取波纹管一段进行主要元素光谱分析，将测试平均值与标准值进行对比，Ni 含量稍许偏低，其他主要元素含量基本满足标准要求。Ni 含量影响奥氏体钢的硬度、抗拉强度、韧性及耐应力腐蚀性能，随着含 Ni 量的提高，奥氏体钢的硬度、抗拉强度下降，韧性提高，耐应力腐蚀性能提高。Ni 含量低的奥氏体不锈钢尤其是进行冷加工后，奥氏体显著硬化，韧性下降，耐应力腐蚀性能降低。见表 40-1。

表 40-1 定量分析结果汇总

含量 试样编号	C/%	Cr/%	Ni/%	Mo/%	S/%	P/%
GB/T 20878—2007 标准值	0.03	16.00~18.00	10.00~14.00	2.00~3.00	0.03	0.045
1#	0.018	17.12	9.71	2.02	0.003	0.0251
2#	0.020	17.18	9.57	2.01	0.005	0.0272
平均值	0.019	17.15	9.64	2.02	0.0044	0.0261

对波纹管开裂部位进行金相试验，从金相试验结果可以看出波纹管金相组织为奥氏体组织，晶粒水平良好(晶粒度为 8~9 级)，裂纹由内向外扩展，裂纹为穿晶型，呈树枝状，有分叉。

对波纹管补偿器断口处的腐蚀产物进行能谱分析，显示腐蚀产物上存在氯元素。

通过宏观检验发现，波纹管内外表面未发生明显腐蚀减薄；金相分析可知，金相组织为奥氏体组织，组织均匀，晶粒度良好，裂纹穿晶开裂，呈树枝状，有分叉；光谱分析 Ni 含量偏低，其他无异常；通过能谱扫描，发现断面存在氯化物，结合实际工作环境，波纹管补偿器工作温度 107℃，工作介质主要包括氯甲烷(92.21%)、异丁烯(4.61%)和水(2.32%)，氯甲烷在 70℃以上有水环境下即能发生水解生成氯离子，并且随着温度升高水解速率增加，综上所述符合氯化物应力腐蚀开裂特征，判断开裂是因为氯甲烷在 70℃以上有水环境下发生水解生成氯离子，加之 Ni 含量偏低耐应力腐蚀性偏差，波纹管在弯曲和扭转应力以及腐蚀因素的叠加作用下，发生氯化物应力腐蚀开裂。

四、故障原因分析

（1）2021年5月公司组织了机组平衡管、油管、波纹管等系列专项排查。在检修后期，合成橡胶厂设备管理人员先后委托中国特检、中贯通两家检测单位对机组波纹管进行检测，但现场检测人员认为波纹管不符合使用RT或PT任意一种检测方法的条件，对于波纹管在线检测，尤其是带加强环的波纹管缺乏系统有效的技术手段，设备管理人员也未进行进一步的研究和探讨，仅组织操作人员进行了气密性试验，导致未能在检修期间发现波纹管补偿器缺陷。

（2）对于机组工艺管道上设置的波纹管补偿器，没有结合实际工作环境开展风险识别管控。该波纹管补偿器2014年投用，至2021年已经使用7年，上一波纹管补偿器使用寿命为15年。但实际结合工艺，该波纹管补偿器最近一个使用周期内，装置停车次数较多，另外波纹管补偿器的供应商较上一个周期也不同。在检修前，设备管理人员没有严格组织识别，因而没有提前备件，检修期间没有下线更换。

（3）对于机组附属件（包括波纹管）在之前的管理过程中对制造质量、制造过程管控以及到货后的材质复检管控不到位，导致Ni含量偏低的质量问题未在2014年发现。

五、故障处理措施

紧急采购一件波纹管补偿器，8月13日更换完毕，15日G/K-401机组正常开机。

六、管理提升措施

（1）制订检修策略，对K-401一段出口管线波纹管补偿器每个检修周期（5年）更换一次，并已在ITPM内制定该波纹管检修策略；从工艺上采取措施，防止停机后波纹管表面形成凝水。

（2）利用拆下的故障波纹管，与检测单位共同开展攻关，目前通过对比RT检测结果与实物，发现能够通过RT检测发现一些波纹管裂纹，运用PT可以检测裸露部位波纹管外表面及波纹管与管道焊缝使用情况，后续合成橡胶厂将使用RT、PT两种检测方法加上气密试验对波纹管补偿器展开再次排查，并结合实际使用情况制定检验策略。

（3）协同物装中心，优选供应商订购波纹管补偿器备件，签订技术协议，严把备件质量，尤其控制波纹管中有益合金元素含量在较高水平。择机再次进行更换，并检查使用情况，进一步优化检修策略；对同系统的其他波纹管补偿器进行更换。

（4）通过分析，波纹管镍含量偏低，原始质量还是存在一定问题，后续在关键机组备件、附属件在采购之前签订技术协议，特别关键备件需要通过监理进行监造，切实地管控质量，并在使用前对尺寸、材质等进行复检，严格把控备件使用前质量关。

七、实施效果

以后未出现过类似故障。

案例四十一

空分装置机组电缆破损接地误发紧急停车信号故障案例

一、故障概述

2020 年 5 月 22 日 15 时 36 分 59 秒，制氧二单元空压机组辅操台发出停空压机信号（HS1001），导致 C-0110/N-0120 机组停机。

二、故障过程

2020 年 5 月 22 日 15 时 36 分 59 秒，制氧二单元 C-0110/N-0120 机组停运，供乙炔氧气总管压力降低，乙炔二单元全部停运。通过查看 DCS 系统的历史报告记录，发现机组辅操台停空压机信号（HS1001）发生了跳变，从而引发 NC0120S 总联锁信号动作，现场停车电磁阀及放空阀动作，导致 C-0110/N-0120 机组停运。当班班组启动后备液氧系统，16 时后备系统具备送氧条件，16 时 30 分启动 N-0120/C-0110 机组，18 时分别启动氧压机和氮压机，20 时后备系统退出供氧，空分二单元全线恢复正常。

查看 ITCC 控制系统的 SOE 记录，C-0110/N-0120 停车的同时 DCS 系统发出的联锁信号 dTRIP_DCS（描述 DCS 停车信号来 ON）也输出到 ITCC 系统，导致放空阀 V0114 执行失电打开动作。

机组停机后，辅操台在 15 时 36 分至 15 时 44 分之间共发生了 13 次紧急停车信号，此过程中 24V 直流屏上的多次监测到“绝缘故障”报警信息，判断为辅操台到 DCS 机柜间紧急停车信号（HS1001）误动作引起停车。

三、故障机理分析

对辅操台到 DCS 机柜间电缆绝缘情况进行了测试，将辅操台两边端子拆除后，分别测量其对地电阻，发现万用表显示电阻在 0Ω、3Ω、8Ω、无穷之间跳变，且间隔时间较长，考虑到人为测量影响及误差，换人独立多次测量，现象基本一致。

四、故障原因分析

本次停车直接原因是辅操台到 DCS 机柜间电缆绝缘损坏，绝缘接地，HS1001 紧急停车信号误动作停车。

五、故障处理措施

（1）利用停车机会对制氧紧急停车按钮电缆绝缘破损点进行检查，更换。

（2）因 DCS 系统中 C-0110/N-0120 逻辑设定为辅操台紧急停车信号 HS1001 闭合时，引发机组停运，鉴于 HS1001 信号频繁发生了 13 次动作，因此在开车过程中，为防信号误动再次引发机组停运，将 C-0110/N-0120 机组辅操台紧急停车按钮回路信号与 DCS 系统 MUD 转接板处接线脱开，回路故障未彻底排除前，暂停接入 DCS 系统。

六、管理提升措施

利用停车机会对乙炔、制氧辅操台紧停按钮进行绝缘测试，检查辅操台按钮及核实电缆连接。

七、实施效果

至今类似事件未再次发生。

乙烯装置丙烯制冷压缩机组调速油压力低联锁停车故障案例

一、故障概述

乙烯装置丙烯制冷压缩机组 E-GB-501 在 2006 年 9 月 20 日 9 时 55 分发生调速油压力低联锁停车事故。事故导致乙烯制冷压缩机组 E-GB-601 停车，乙烯装置停止乙烯产品采出。当日 22 时 30 分恢复开车。

二、故障过程

事故发生前后乙烯装置 MS 蒸汽管网压力出现过异常波动。丙烯制冷压缩机联锁是由 PSL5013 调速油压力低联锁动作触发，联锁引起压缩机停车，压缩机各段及出口电动阀关闭，表盘显示第一故障为压缩机一段吸入电动阀 E-MOV501 关闭。联锁时压缩机辅助油泵 E-GA-5011B 自启动动作，事后检查发现压缩机主油泵驱动透平 E-GT-5011A 处于停车状态。

三、故障机理分析

无。

四、故障原因分析

丙烯制冷压缩机组润滑油系统主油泵驱动透平调速器灵敏度低，在乙烯装置 MS 蒸汽管网压力出现异常波动的情况下，调速功能滞后，调速阀没能及时调节，导致透平超速跳闸停车。在辅助油泵启动过程中，由于蓄能器能力偏低，没能及时补压，造成调速油压力低联锁停车。

根据事故期间仪表记录和事故现象分析，丙烯制冷压缩机组润滑油系统主油泵驱动透平 E-GT-5011A 转速由于受到 MS 蒸汽管网压力波动的影响出现异常，导致机组调速油和润滑油系统压力低，辅助油泵自启动动作未能使调速油压力及时恢复造成联锁动作，导致丙烯制冷压缩机组停车。事故发生前乙烯装置当班操作人员已经发现 MS 蒸汽管网压力波动的异常，并通过厂生产调度告知动力车间进行调整，但由于乙烯 72×10^4t/a 技术改造后蒸汽管网太大调整不及，并未及时避免事故的发生。

五、故障处理措施

（1）制定更为严格的蒸汽管网工艺参数控制指标并严格执行，防止蒸汽压力出现大的波动。

（2）增设 PSL-5013 调速油压力低联锁动作手动执行开关，以后发生同类问题时首先由操作人员判断压缩机停车的真伪，然后再手动执行停车动作。

（3）调整调速油联锁设定点和联锁逻辑，确保在机组得到完善保护的同时最大限度地降低联锁系统存在隐患可能造成的不良后果。

（4）计划将油系统蓄压胶囊由一个增加到三个，容量由现在的 150L 增加到 500L 以上，以提高油系统抵御波动的能力。

（5）作为长远打算制定机组联锁调整方案，提前准备备件材料，利用下次停工大修的机会进行彻底整改。

（6）在下次停工大修时更新主油泵驱动透平 E-GT-5011A。

案例四十三

乙烯装置联锁保护系统故障导致机组停车故障案例

一、故障概述

2020 年 2 月 7 日 18 点 43 分，仪表人员在处理通信卡时，通信中断，导致乙烯装置 GB-201、GB-801 机组停车。

二、故障过程

2020 年 2 月 7 日 16 时 6 分乙烯装置联锁保护系统 TMR2 报警，接到通知后，仪表组织人员对系统进行检查，发现 C1 机架 SLOT1 通信卡（T8310）A 通道红光报警。16 时 16 分，仪表人员对 TMR2 系统进行复位操作，1min 后，该通信卡 A 通道再次报警。针对上述情况，仪表人员沟通厂家技术人员后办理重大作业手续对该通信卡进行在线更换。17 时 10 分，仪表人员对该通信卡进行更换并对系统进行复位，此时故障报警消除。1min 后，新换通信卡再次出现 A 通道红光报警。

三、故障机理分析

TMR2 系统简要介绍：三个通道全部处于健康状态，系统正常工作。一个通道处于故障状态，此时系统处于故障运行状态，但不影响系统正常工作。两个或两个以上通道产生故障，会导致系统停车。

仪表人员在进行分析后，判断造成上述情况的原因可能有两种：

（1）新换上的通信卡 A 通道存在故障。

（2）系统机架及通信电缆故障造成 A 通道报警。

再次沟通厂家技术人员后，建议再更换一块新通信卡，如故障消除，则是新换卡件的 A 通道存在故障，如报警仍然存在，则机架、通信电缆存在故障。

18 时 43 分，仪表人员再次对通信卡进行更换，更换后新通信卡 A、B 通道同时报警，经三取二表决，触发通信中断，该框架 DI 卡状态翻转，GB-201、GB-801 机组停车。

乙烯装置 TRUSTED TMR2 联锁保护系统是 2004 年 9 月投用，采用罗克韦尔 ICS 系统，投用 16 年，用于烯烃厂乙烯装置联锁控制。系统采用 TMR（triple moduler redundant），也就是三重化模块冗余，采取三取二表决机制。TRUSTED 系统是容错系统，被设计为“故障保持/故障安全”。当产生单个故障，控制系统继续运行。这是故障运行状态，系统将继续运行在这种状态，直到故障模块被更换并且系统恢复到正常的运行状态。如果在第一个故障模块被更换前，第二个故障产生在剩下的两路中，第二个故障将导致系统停车，这称之为故障安全型状态。这个故障安全设计也被称为3-2-0运行模式。

GB-201停车后，为重复故障现象，判断真实原因，将正常工作的C2机架SLOT1通信卡换到C1机架SLOT1位置，通信卡(T8310)A通道仍然红光报警。由此判断，系统机架背板、通信电缆故障导致A通道报警。仪表人员再次将第二块通信卡插入C2机架的SLOT1卡槽，通信卡B通道报警，由此判断第二块通信卡的B通道存在故障。

四、故障原因分析

TMR系统核心是TMR三重模块冗余，三个通道中的两个报警会导致故障输出，乙烯装置仪表TMR2系统的通信卡T8310在进行备卡切换过程中，备用卡件B通道和机架的A通道同时存在故障，两个故障叠加造成通信中断，导致DI输入卡全部失效，状态翻转，造成乙烯装置GB-201机组、GB-801机组联锁停车，系统发生波动。

间接原因分析：一是未能辨识出备件卡件存在故障影响系统运行的风险；二是系统运行周期长，已达到16年，系统老化。

五、故障处理措施

(1) 为尽快恢复生产，保留一个通道故障状态，进行开车。鉴于系统目前带病运行，编制特护方案，运维中心安排具备应急处置能力的人员特护。主要负责系统在故障运行期间的特护管理。负责系统每天的巡回检查，建立巡检记录。定期组织系统故障应急处理培训及应急演练。

(2) 编制应急预案，做好极端状况下的应急处置准备。采购了专用备件，放在指定地方，编制了更换方案，准备了工器具。

(3) 在厂家组织了机架、通信电缆更换的操作培训。

(4) 利用装置消缺时机，完成了备卡测试。

(5) 利用大修机会更新系统。

(6) 强化设备全生命周期管理，梳理备件，利用机会检修验证备件质量。

(7) 开展精准培训，组织技术人员攻关，提高对控制系统的驾驭能力。

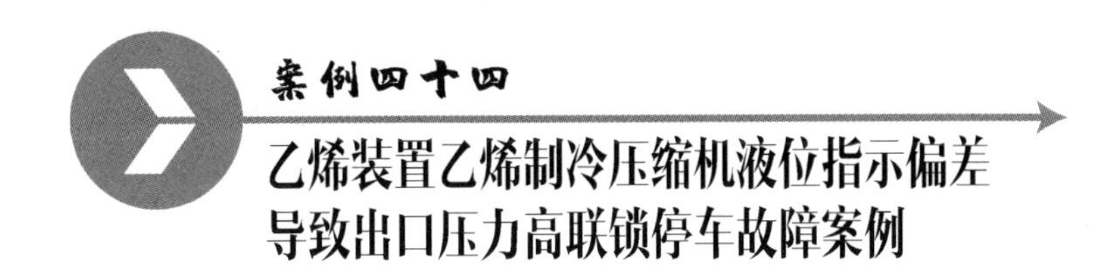

案例四十四

乙烯装置乙烯制冷压缩机液位指示偏差导致出口压力高联锁停车故障案例

一、故障概述

2018 年 1 月 27 日，乙烯装置乙烯制冷压缩机 GB-601 因排出压力超高联锁停车。

二、故障过程

2018 年 1 月 27 日 17 时 41 分(ITCC 时间为 17：37：33)，GB-601 因排出压力超高联锁停车(排出压力高报值 1.78MPa，联锁 1.87MPa)。GB-601 排出压力 PI604 于 17：38：15 开始有上涨趋势，17：40：28 达到报警值，32s 后联锁停机。分离单元放火炬，裂解单元降投油，校正液位仪表后，2018 年 1 月 27 日 19 时 53 分恢复开车运行。

事发当晚，当班班长正在用对讲机和室内人员联系在现场检查防冻防凝情况，室内人员发现 GB-601 排出压力报警并确认后，立即进行紧急检查，查看吸入压力和转速有无异常，同时用对讲机汇报班长，班长马上通知室内操作人员赶快放火炬降低压力，现场准备对 GB-601 进行手动泄压。在紧急检查期间，GB-601 联锁停机。

三、故障机理分析

GB-601 排出液相乙烯收集罐 FA604 液位满罐甚至 EA605 满灌，气相乙烯相变液化空间被严重挤压，压力就会猛涨。

四、故障原因分析

GB-601 排出液相乙烯收集罐 FA604 液位满罐甚至 EA605 满灌，气相乙烯相变液化空间被严重挤压。因为 FA604 液位指示错误，未能及时发现并采取相应措施导致 FA604 实际液位满罐的可能性存在。尤其是在系统接乙烯时，室内液位指示与玻璃板液位偏差严重，最高时偏差超过 50%。此次停工前系统接乙烯约 1h，关闭接乙烯阀 10min 后，系统停工。GB-601 接乙烯流程见图 44-1。

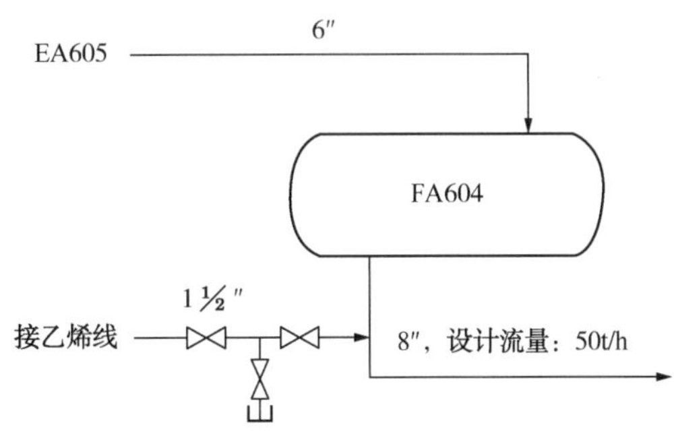

图 44-1　GB-601 接乙烯流程

五、故障处理措施

建议再增加一个液位指示仪表，两者相互对照。同时增加 FA604 压力指示信号并引至室内 DCS 显示。修改 GB-601 排出压力报警值，将报警值由 1.78MPa 修改为 1.68MPa，以延长操作员的反应时间。在 FA604 现场增加监控探头和照明灯，随时进行监控。增加室内外液位临时对照表，岗位人员 1h 进行一次液位对比，并将对比情况记录在对照表上。液位偏差达到 10%以上时要联系仪表人员进行检查处理。

一、故障概述

2021 年 10 月 27 日 5 时 28 分，乙烯装置丙烯制冷压缩机 GB-501 一段吸入流量 FIC501 快速下降至 95kNm^3/h，一段吸入压力 PIC500 涨至 81kPa，出现大幅度波动，造成乙烯制冷压缩机出口冷却器 EA605 换热效果不佳。5 时 32 分，乙烯制冷压缩机 GB-601 出口压力 PI621A/B/C 涨至 1.87MPa，触发 GB-601 排出压力高高联锁停车。

二、故障过程

乙烯精馏塔塔顶冷凝器 EA405 液位 LIC501 室内 DCS 指示与现场实际液位存在偏差，实际冷剂液位过低，造成 EA405 换热能力变差，进而导致丙烯制冷压缩机一段吸入流量大幅度降低，最终造成乙烯制冷压缩机出口冷却器 EA-605 换热效果不佳，出口压力升高过快。

4 时 56 分，LIC501 阀位为 53.2%，液位为 45%。

5 时 22 分，LIC501 阀位持续下降至 48.8%，液位基本未出现明显变化。

5 时 26 分，LIC501 液位指示开始持续上涨。

5 时 27 分，LIC501 液位上涨至 52.8%，此时 LV501 阀位关至 18%。

5 时 28 分，LV501 阀位全关，此时 LIC501 液位 51%。

LV501 阀位下降期间，乙烯精馏塔 DA402 塔压由 1.98MPa 涨至 2.03MPa，GB-501 一段吸入流量由 177kNm^3/h 降至 95kNm^3/h。LIC501 室内指示并未发生大幅度波动，但从乙烯精馏塔塔压、GB-501 一段吸入压力和吸入流量等参数综合判断，LIC501 现场真实液位低，与室内 DCS 指示形成较大偏差，同时存在 LIC501 室内 DCS 设置不合理的情况，液位未发生大幅波动的情况下，阀位调整幅度过大。

LIC501 的 PV 值与 MV 值对比情况见图 45-1。

三、故障机理分析

丙烯制冷压缩机与乙烯制冷压缩机组成复叠制冷循环，耦合性强。丙烯制冷压缩机一段吸入压力的高低直接影响乙烯制冷压缩机排出压力。岗位人员应急处理时，开大 GB-501 现场气化线、石墙线及 LV501 阀位等操作，未能准确预判因丙烯制冷压缩机一段吸入压力上涨导致 GB-601 排出压力升高过快的情况。未能超前对丙烯制冷压缩机进行有效调节，最终导致乙烯制冷压缩机 GB-601 排出压力高联锁。

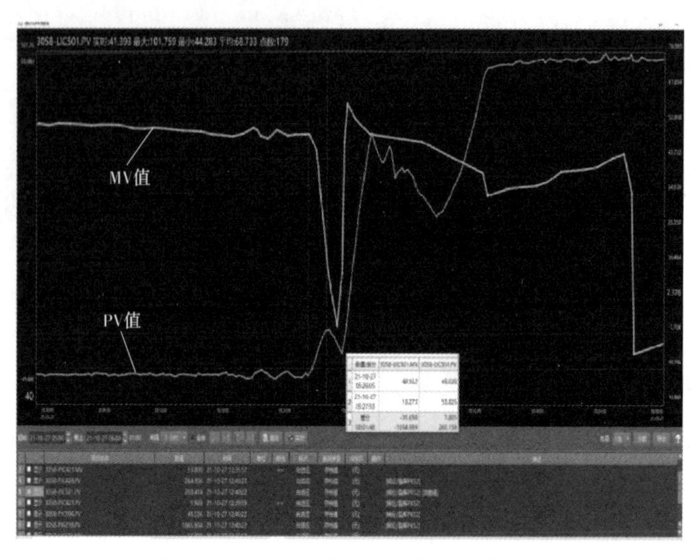

图 45-1 LIC501 的 PV 值与 MV 值对比

四、故障原因分析

1. 直接原因

乙烯制冷压缩机 GB-601 排出压力 PSHH621A/B/C 达到联锁值 1.87MPa，三取二高高联锁。

2. 间接原因

工作操作调整不及时，乙烯精馏塔塔顶冷凝器 EA405 液位 LIC501 室内 DCS 指示与现场实际液位存在偏差，实际冷剂液位过低。

五、故障处理措施

对 EA405 换热器 LIC501 液位计进行全面排查修复或进行更新，建议再增加一个液位指示仪表，两者相互对照。吸取本次波动教训，协调仪表增加阀位的偏差率报警，提高岗位人员的反应时间。

对车间重要参数进行梳理，对报警设置情况进行排查，合理设置报警参数。对 EA405 换热器加强室内外对照，岗位人员 1h 进行一次液位对比，并将对比情况记录在对照表上。液位偏差达到 10%以上时联系仪表人员进行检查处理。

召开班组波动分析会，并编制问题案例，组织全员学习，提高对关键操作调整的认识，提高岗位人员的规范操作意识。强化岗位责任制，与此次联锁停机相结合，提高岗位人员的责任心。

加强导师带徒作用和工程技术人员作用的发挥，通过加强管理、制定合理的学习计划，加速提高操作人员应对紧急状况的能力。

强化培训工作，持续进行岗位操作、流程图和应急处置培训，对出现的问题进行总结反思，适当调整培训内容，加快提升岗位人员的操作能力、操作水平以及应急处理能力。

一、故障概述

2021年7月31日10：09：13：381时(9207柜综保装置时间)，MTO2变电所的9207 2#丙烯塔回流泵柜速断保护动作；MTO2变电所10kV二段母线电压暂降持续约80ms，最低降至1293V。10kV二段母线所带380V系统最低下降至约65V；310-P-5003A 2#丙烯塔回流泵10kV电动机跳闸，废碱焚烧装置10kV引风机电机变频器K-20012X跳停。MTO及烯烃分离二线共36台机泵、68台风机低压电动机跳停。

机组停车未造成机组机械故障，无人员伤亡、安全环保等问题发生。产生不合格乙烯84.3t、丙烯306.5t(进不合格罐)，安排回炼。废碱焚烧装置10kV引风机电机变频器单元K-20012X跳停。MTO及烯烃分离二线共36台机泵、68台风机低压电动机跳停。

二、故障过程

根据MTO2变电所综保装置故障记录如下：

7月31日10：09：13：381时(9207柜综保装置时间)，MTO2变电所的9207 2#丙烯塔回流泵柜速断保护动作；

MTO2变电所10kV二段母线电压暂降持续约80ms，最低降至1293V。10kV二段母线所带380V系统最低下降至约65V；

310-P-5003A 2#丙烯塔回流泵10kV电动机跳闸，废碱焚烧装置10kV引风机电机变频器K-20012X跳停。MTO及烯烃分离二线共36台机泵、68台风机低压电动机跳停。

三、故障机理分析(表46-1)

表46-1　MOT2故障机理分析

序号	原因	验证说明(方法)	验证结果	是否根原因
1	上级电网故障	检查上级电网运行参数	运行参数正常，上级电网未发生波动	否
2	本段母线故障	检查母线	母线正常	否
3	9207出线故障	检查保护动作记录	保护动作正常	否
4	电机故障	绝缘测试和直流电阻测试	数据合格、电机正常	否
5	开关柜内故障	打开柜门检查	开关柜正常，没有明显故障点	否

续表

序号	原因	验证说明(方法)	验证结果	是否根原因
6	9207 回路保护误动	检查保护装置动作记录，调取录波	正确动作	否
7	电缆终端头故障	打开电机接线盒检查，进行绝缘摇测	有明显故障点，对地绝缘为 0	是
8	电缆本体故障	进行绝缘摇测	绝缘正常	否
9	K-6001 停机电磁阀 UPS 供电	电气检查 UPS 供电正常	显示正常	否
10	K-6001 停机电磁阀故障	仪表检查	经检查无问题	否
11	操作不当	操作记录检查	经检查无问题	否
12	联锁动作	查阅报警记录，无工艺及设备联锁引起速关阀关闭	经检查无问题	否
13	晃电	7 月 31 日 10：09：13：497 时发生晃电	事实发生情况	是
14	速关阀弹簧机械变形	在具备条件时，对速关阀弹簧压力进行检查	检修时验证	是
15	蓄能器皮囊损坏	蓄能器皮囊试压	蓄能器皮囊无损坏	否
16	校验拆装压力表后，蓄能器皮囊接头微漏	对蓄能器皮囊压力表接头进行查漏	皮囊接头微漏	否

四、故障原因分析

（1）废碱焚烧装置 10kV 引风机电机变频器 K-20012X 跳停原因：现场检查发现变频器报直流欠压，同时变频器上级断路器脱扣，断路器型号为西门子 3VT3-3AA36-0AA0，电机额定功率 132kW，额定电流 241A；变频器型号为 SINAMICS G130。

停车的原因：因系统电压降低变频器输出电流上升，上级断路器延时保护的时间偏短，动作跳闸(长延时设定值 250A/3s)。计划将动作时间由 3s 改至 10s。

（2）36 台机泵、68 台风机跳停原因：因晃电停机的电动机回路都是由于交流接触器释放造成的。因电压暂降的时长约 80ms，已超过了接触器维持时间(约 20ms)；且电压幅值已降至约 30%，也已低于接触器的维持电压(50%以上)，接触器已不能保持。

（3）电缆头缺陷部位存在的问题。对 310-P-5003A 进行绝缘摇测，摇测结果为：相对地 0MΩ；现场开盖检查接线柱以及电缆头，发现存有电弧放电痕迹。对故障部位进行拆解检查，发现屏蔽层熔化、主绝缘已熔穿，导体已露出。故障部位周边有灼烧痕迹，但整体结构未破坏，导致电网系统晃电。

五、故障处理措施

（1）对 MTO2 变电所开关、母线进行检查，发现 2#丙烯塔回流泵 310-P-5003A 电动机回路相对地绝缘摇测结果为 0MΩ，开盖检查接线柱以及电缆头，发现有电弧放电痕迹。

现场对电动机本体进行绝缘摇测和直流电阻测量，确认为电缆头故障，电机本体正常。

检查电气系统参数、UPS、直流屏、EPS、电容器正常。

16 时 30 分，重新制作电缆终端头完成，故障消除。

（2）根据 SOE 记录，10：09：13：997 时汽轮机速关阀关闭，同一时刻控制油压力（310PIA6110）低报警（≤0.6MPa），系统发出启动备用油泵命令。根据杭汽汽轮机空负荷试验记录，速关阀切断油压为 0.31MPa，判断实际速关阀切断油压与之不符。

（3）根据 DCS 记录，机组转速从 10：9：16 时开始下降，10：9：23 时下降至最低 5r/min，随后继续降到零开始反转，10：9：37 时上升至最高 2107r/min 然后开始下降，10：25：59 时转速为零，整个停机时间为 16min。

（4）机组停车后，装置人员立即进行应急处置，启动电盘车，排查机组停机前后轴系、油路系统、干气密封系统相关参数及工艺系统等，无异常情况。电气检查故障点已切除，系统供电恢复正常。

（5）7 月 31 日 10 时 46 分 310-K-6001 冲转启机，11 时 26 分达到最低运行转速 3760r/min，系统调整逐步恢复运行。

六、管理提升措施

（1）定期检查维护：①定期对重要电机进行开盖检查；②完善 10kV 电机电缆预防性试验计划并按期执行；③定期对电缆进行局放检测、绝缘检测工作。

（2）加强 10kV 电机正常启动管理。对于无人值守变电所，在工艺人员进行 10kV 电机计划性启动时，安排专人在变电所进行电机启动状态监控。

（3）在每次检修大机组时，需对速关阀弹簧压力进行检查。

（4）蓄能器定期检查维护：蓄能器相关部件动作后，需重新检查；同时按照集团公司动设备定时性管理规定，定时排查蓄能器并跟踪压力变化增加蓄能器检查频率。

（5）此次受晃电影响的 36 台机泵、68 台风机电动机均无抗晃电设施。针对交流接触器释放的问题，在 MTO1 变电所部分回路已安装抗晃电模块进行试运。在 MTO2 变电所内尚未安装，计划下一步安装。

七、实施效果

（1）仪表专业统一排查机组所有变送器阻尼时间常数进行相应的修改。

（2）控制油油压低报，由 0.60MPa 改为 0.65MPa。

（3）润滑油泵新增主泵停运行，电信号触发备泵自启联锁。

（4）下次大检修时对速关阀弹簧压力进行测量。

（5）蓄能器检查时间由 1 次/年增加到 1 次/季度，新充气投用的蓄能器跟踪压力变化。新增控制油蓄能器 1 个，优化充油阀门，避免备泵自启。

（6）为降低或消除机组倒转目的，优化停机后系统快速均压措施，例如：增加防喘振旁路阀等流程。

附件　根原因/失效分析报告附件

<table>
<tr><td colspan="4">丙烯制冷压缩机组停车故障根原因分析报告</td></tr>
<tr><td colspan="4">一、基本信息</td></tr>
<tr><td>缺陷等级</td><td>I</td><td>RCA 组长</td><td></td></tr>
<tr><td>分部</td><td>烯烃部</td><td>车间/装置</td><td>烯烃分离</td></tr>
<tr><td>设备名称</td><td>丙烯制冷压缩机</td><td>设备位号</td><td>310-K-6001</td></tr>
<tr><td>设备概况</td><td colspan="3">烯烃分离装置丙烯制冷压缩机 K-6001 于 2016 年 10 月投用。丙烯制冷压缩机是一个封闭的循环回路，以聚合级丙烯为制冷剂，利用蒸汽透平驱动的四段离心式压缩机在环路中循环制冷，以液态丙烯为介质在不同压力下节流汽化为工艺用户提供-40℃、-25℃和 7℃三个等级的丙烯冷剂，各用户丙烯气化后返回丙烯制冷压缩机循环使用</td></tr>
<tr><td>缺陷时间</td><td>2021 年 7 月 31 日 10 时 9 分时至 7 月 31 日 10 时 46 分</td><td>报告时间</td><td>2021 年 7 月 31 日</td></tr>
<tr><td>近年历史缺陷</td><td colspan="3">2019 年 3 月 9 日，全厂晃电导致 310-K-6001 丙烯制冷压缩机因速关油低油压联锁与汽轮机排气压力高高联锁停车</td></tr>
<tr><td>参加分析人员</td><td colspan="3"></td></tr>
<tr><td colspan="4">二、缺陷根原因分析</td></tr>
</table>

1. 缺陷树分析图

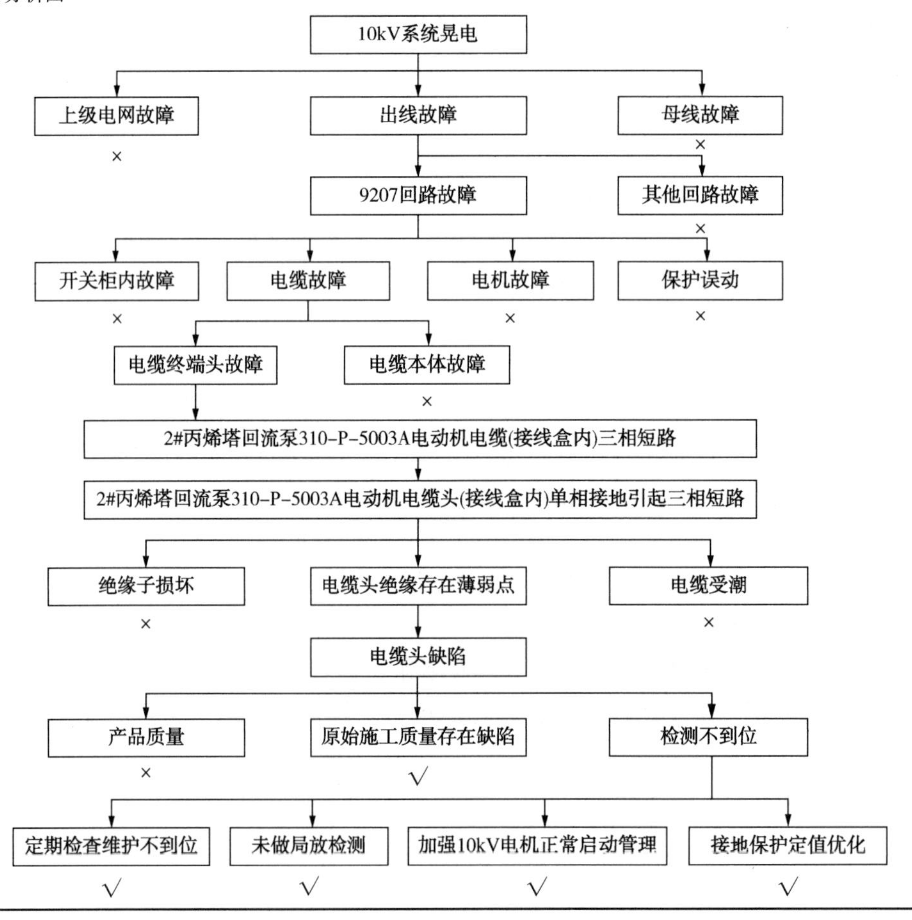

续表

二、缺陷根原因分析

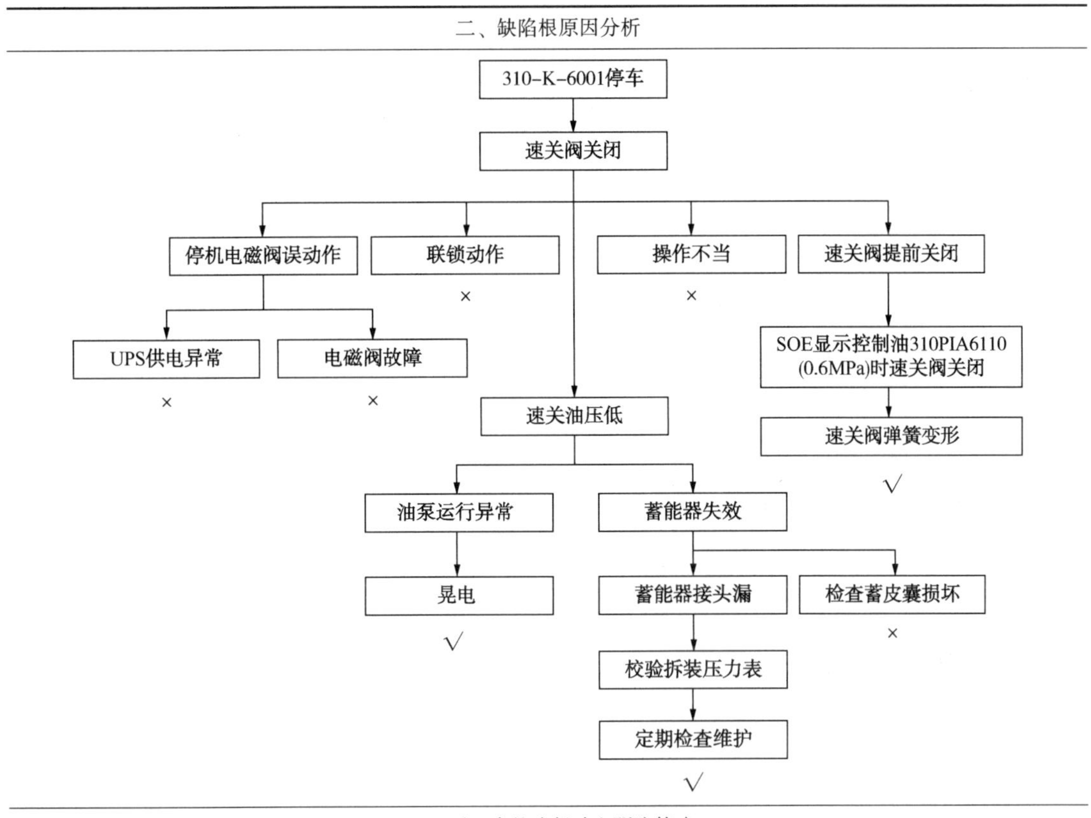

三、下一步整改行动和预防策略

1. 设备、配件技术改进

序号	根原因	措施	负责人	计划完成时间	实际完成时间	实际完成确认人
1	原始施工质量存在缺陷	对P-5003A电机新制作电缆头，严格要求施工人员按照标准进行制作，做好质量把控		2021年7月31日	2021年7月31日	
2	未做局放检测	增加局放检测设备，定期对电缆进行局放检测、绝缘检测工作，提前发现类似缺陷		2022年2月		
3	晃电引起油泵电机跳停	（1）将大机组主、辅油泵电机的运行信号增加入备用油泵联锁启动逻辑内，缩短晃电时备用油泵的启动时间。 （2）对大机组空冷器电机，增加抗晃电模块		具备停车条件时		
4	接地保护定值优化	对MTO2变电所配出回路的接地保护定值进行优化		2021年8月31日		
5	速关阀弹簧发生机械变形	在具备条件时，对速关阀弹簧压力进行检查		具备停车条件时		

续表

三、下一步整改行动和预防策略						
2. 运行条件、操作工艺改变						
序号	根原因	措施	负责人	计划完成时间	实际完成时间	实际完成确认人
1						
3. 管理改进						
序号	根原因	措施	负责人	计划完成时间	实际完成时间	实际完成确认人
1	定期检查维护	（1）定期对重要电机进行开盖检查。 （2）完善10kV电机电缆预防性试验计划并按期执行。 （3）定期对电缆进行局放检测、绝缘检测工作		2021年12月31日		
2	加强10kV电机正常启动管理	对于无人值守变电所，在工艺人员进行10kV电机计划性启动时，安排专人在变电所进行电机启动状态监控				
3	速关阀弹簧发生机械变形	在每次检修大机组时，需对速关阀弹簧压力进行检查		具备停车条件时		
4	蓄能器定期检查维护	蓄能器相关部件动作后，需重新检查；同时按照集团公司动设备定时性管理规定，定时排查蓄能器并跟踪压力变化增加蓄能器检查频率				

4. 预防性策略（RCM）

缺陷模式	预防策略	实施内容	时间间隔	实施人员	实施确认
速关阀弹簧发生机械变形	在具备条件时，对速关阀弹簧压力进行检查	每次机组检修需对弹簧进行检查，及切断油压测试记录	每次机组停车检修时		
机组停机后发生反转	加快压缩机段间压力平衡速度，防止反转	（1）增加K-6001停机后四段出口放火炬阀全开联锁； （2）提高速关油取压表PIA6108B、PIA6108C灵敏度； （3）增加防喘振旁路阀等流程，需SEI、沈鼓、杭汽进行设计			

第五章　润滑系统

一、故障概述

2019 年 4 月 7 日 12 时 26 分，净化装置氨冰机 K-2501 因润滑油压力低跳车，恢复开车后，当晚 22 时 26 分氨冰机因润滑油压力低再次跳车。

二、故障过程

2019 年 4 月 7 日 12 时 26 分，氨冰机 K-2501 因润滑油压力低跳车，由于油系统压力曲线扫描时间为 1min，趋势记录油系统几点压力同时变化，无法判断先后动作顺序。电仪中心为便于今后的问题排查，将油系统压力曲线扫描时间修改为 5s，配合开机。

当晚 22 时 26 分，氨冰机因润滑油压力低再次跳车。

三、故障原因分析

1. 直接原因

第一次跳车后，机组油系统关键参数历史趋势扫描时间由 1min 修改为 5s；第二次跳车曲线记录时发现，首先出现 PIC2532 测量回路出现异常跳变，导致 PV2532 阀关闭过快，润滑油压力低，机组跳车；结合趋势记录，从控制回路构成分析，直接原因为 PIC2532 的测量回路设备故障。

2. 管理原因

由于润滑油系统压力曲线扫描时间是 1min，趋势曲线记录油系统所有压力同时变化，无法判断先后动作顺序，第一次跳车后无法进一步查找原因。原设计扫描时间不合理。

四、故障处理及提升措施

全面检查控制器、卡件、变送器、接线端子，对所有线路进行绝缘测试和直阻测试。更换了相关变送器、安全栅等，配合开机。

（1）对 PIC2532 控制回路设置了测量失真阀位保持功能，同时报警。

（2）对净化装置关键控制回路进行统计，设置测量失真阀位保持功能，同时报警。

（3）梳理关键参数趋势设置，合理配置高速扫描，便于异常判断。

（4）2019 年大修中对一些重点回路的安全栅进行更换。

案例四十八 重整装置油冷器封头垫片破损故障案例

一、故障概述

2016 年 3 月 18 日 18 时 25 分，3#重整油冷器 K-3202-1 润滑油从油冷器封头垫片处大量喷出，触发 K-3202-1 油压低低联锁停机。

二、故障过程

2016 年 3 月 18 日，K-3202-1 油冷器封头处润滑油突然大量喷出，油箱油位开始下降。油位下降到一定程度造成油泵抽空，出口油压快速降低，备用油泵自启动。最终触发机组油压低低联锁停机，油泵抽空损坏。从发生泄漏到联锁停机整个过程约 12min。

油冷器解体检查情况如下：

油冷器垫片老化严重失效，见图 48-1。

举一反三，对同装置 K-3202-2、K-3202-3 共用的油站油冷器进行检查，发现同样存在老化严重的问题，见图 48-2。

图 48-1　K-3202-1 油冷器封头垫片

图 48-2　K-3202-2、K-3202-3 共用油站的油冷器封头垫片

三、故障机理分析

查阅厂家提供的资料，失效的密封垫所用材料为氟橡胶。氟橡胶是主链或侧链的碳原子上含有氟原子的一种合成高分子弹性体，具有耐高温、耐油及耐多种化学品腐蚀的特点。

但氟橡胶作为一种高分子合成材料，缺点是易老化，在使用过程中，由于热、氧以及环境因素的共同作用，使其性能会随时间的延长而逐渐下降，甚至丧失使用性能。

四、故障原因分析

1. 直接原因

油冷器封头密封垫为氟橡胶，油冷器自2012年9月投用，至故障发生期间未进行过检修，垫片严重老化，断裂失效造成润滑油大量泄漏，造成油压低低联锁。

2. 间接原因

（1）片选型不合理

材质方面：设备采购询价书要求，油系统须配四氟缠绕垫片（金属+PTEE），但厂家未严格按合同要求执行，选用橡胶垫片。

形状方面：设备采购询价书要求，油冷器要执行《热交换器》（GB/T 151—2014）标准，该标准要求管箱垫片应根据工作条件按有关标准进行设计或选用。本油冷器采用橡胶垫片，应按《管壳式热交换器用垫片》（GB/T 29463—2023）或《非金属软垫片》（NB/T 47024—2012）标准选用，但此垫片结构与标准不符，管箱法兰螺栓穿过垫片。

（2）法兰结构设计不合理

油冷器管箱法兰密封面采用的平面密封，垫片一旦失效会造成大量泄漏，宜选用带有凹凸面形式的密封。

3. 根原因

（1）采购设备安装验收不到位。

（2）未对采购的设备进行确认，未及时发现垫片材质型号与询价书不符。

五、故障处理措施

（1）更换K-3202-1油冷器垫片，金属缠绕垫。

（2）对同项目同厂家的油冷器进行排查，对使用橡胶垫片的油冷器全部更换成金属缠绕垫。

（3）落实好关键机组油路系统油冷器、过滤器等辅助设备的定期切换和维护检修。

六、管理提升措施

（1）编制采购文件时，明确采购要求。

（2）对采购的新设备安排到货验收。

（3）制定预防性检修计划，定期对润滑油系统进行维护检查。

七、实施效果

更换垫片形式后，垫片寿命明显增长，之后未发生过泄漏，为系统设备的长周期运行打下良好的基础，取得了较好的经济效益和社会效益。

案例四十九
重整装置循环氢压缩机润滑油站小透平故障案例

一、故障概述

2019 年 5 月 22 日 8 时 30 分，设备员巡检时发现重整装置循环氢压缩机 K-3201 机组的润滑油站主油泵透平油封处有大量油气冒出，且保温里有杂音，但测振测温情况很好，小透平振动最大只有 0.9mm/s。当天切换备用油泵。

二、故障过程

该透平 PT-3201 在 2012 年 9 月投用，因现场蒸汽参数与设计不符，达不到工作转速，于 2013 年重新选型更新，状态良好。2018 年调速器做检修调试，设备本体未发生过故障。

2019 年 5 月 22 日，PT-3201 油封处有大量油气冒出，对透平进行拆解检查，情况如下：

（1）非驱端（进汽端）瓦块良好，轴有磨损，轴承箱油垢较多。见图 49-1。

(a)非驱动端轴承箱

(b)瓦块油垢较多，但无磨损

图 49-1　透平情况（一）

（2）驱动端（排汽端）气封磨损，漏气导致轴承箱进水，挡油衬套锈蚀，甩油环损坏。见图 49-2。

(a)驱动端轴承箱

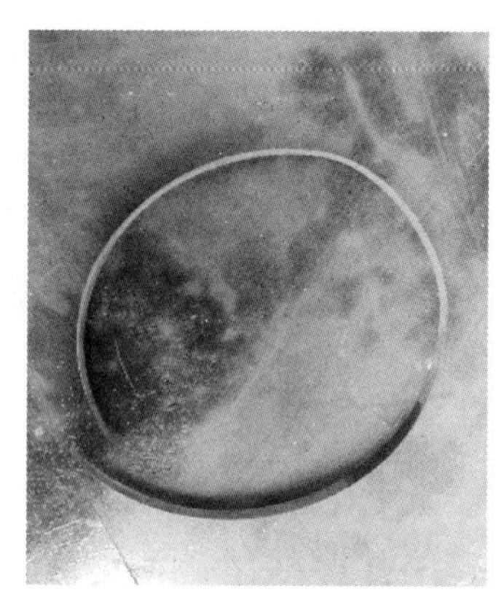

(b)损坏的甩油环

图 49-2 透平情况(二)

(3) 联轴器透平侧膜片损坏，拆下之后才发现断裂，正常运行看不出。见图 49-3。

图 49-3 损坏的联轴器膜片

三、故障机理分析

PT-3201 结构如图 49-4 所示，汽轮机两侧配有两个水平剖分的汽封体(图 49-4 件号 10)，汽封体内包含用于密封气缸与转子的炭环，可将沿着转子的蒸汽泄漏量降至最低。汽轮机两侧配有两个水平剖分的轴承箱(图 49-4 件号 21)，非驱动侧(进汽侧)轴承箱包含一套径向轴承、一个转子定位止推轴承、超速脱扣组件、调速器驱动机构和一个挡油衬套，驱动侧(排汽侧)轴承箱包含一套径向轴承和两个挡油衬套。挡油衬套既可避免润滑油泄漏，又可防止灰尘、脏污和湿气进入。

透平装配间隙见图 49-5，两侧炭环密封与转子间隙 B(直径间隙)标准为 0.09～0.12mm。因测量时为冷态，正常运行时热膨胀会导致间隙减小，所以当冷态时，B 值小于标准值，可能会导致转子运行过程中与炭环发生摩擦；B 值大于标准值时，转子运行时与炭环间隙过大，导致蒸汽泄漏。

本次故障是由于驱动侧(排汽侧)轴与炭环间隙过大，导致蒸汽泄漏，轴承箱的挡油衬套在蒸汽环境下发生腐蚀，导致蒸汽渗入轴承箱，影响润滑油品质，最终导致轴磨损。

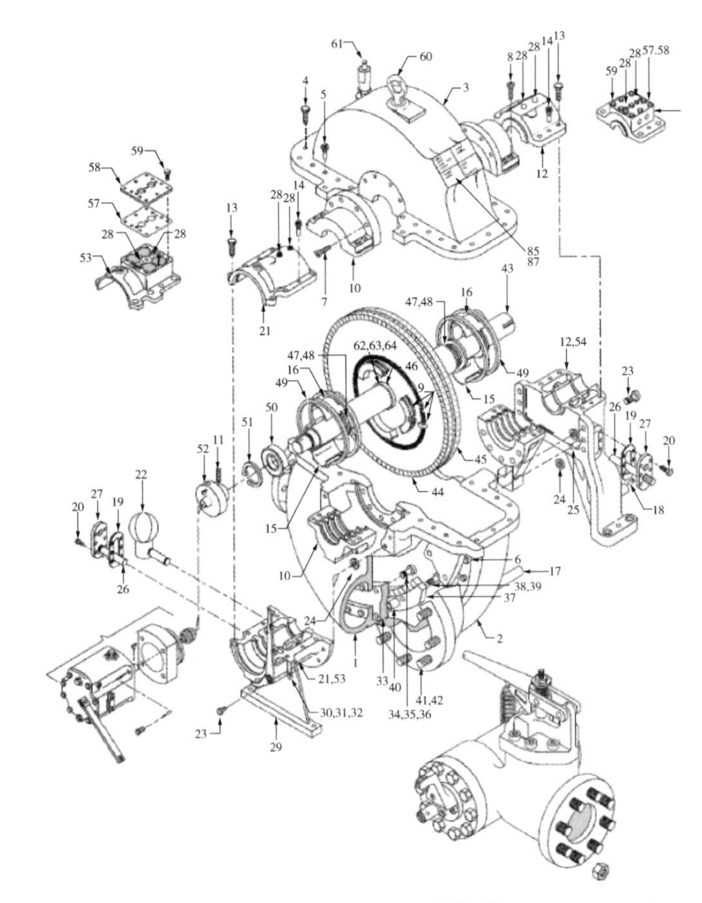

图 49-4 PT-3201 结构图

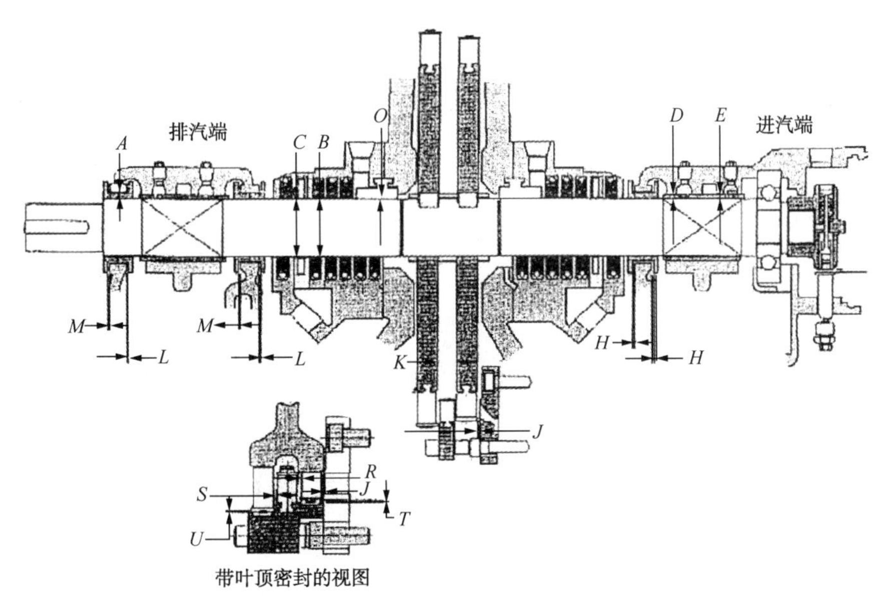

图 49-5 PT-3201 装配间隙图

四、故障原因分析

1. 直接原因

汽封泄漏，导致轴承箱进水，挡油衬套锈蚀，影响润滑油品质，最终导致轴磨损。

2. 间接原因

长期运行，炭环密封与转子间隙磨损增大，导致蒸汽泄漏。

3. 根原因

（1）对汽封泄漏认识不足。主观认为蒸汽泄漏只要不大，就不影响透平使用，造成缺陷进一步扩大。

（2）对小透平振动认识不足。本台小透平转速较低(1300r/min)，导致透平在轴磨损下依然振动小，一直在A区运行，主观判断透平运行状态良好，错过了更早发现问题的时机。

五、故障处理措施

更换两侧气封、轴瓦和挡油衬套，转子有轻微磨损，本次因无备件未进行更换，9个月后对转子进行更换。

六、管理提升措施

（1）提高对小透平蒸汽泄漏的认识，增加膜片联轴器检查，让班组、管理人员都引起重视。发现问题，及时处理。

（2）每个装置运行检修周期安排对透平常规解体检查。

案例五十 乙烯装置小透平油泵跳车故障案例

一、故障概述

2021 年 2 月 24 日 21 时 45 分，乙烯装置小透平 K-501 油泵跳车，电动油泵联锁启动，当班人员立即联系维保动设备，检查自启动电动油泵各运行参数正常，未对机组造成影响。进汽压力、透平出口流量、油泵出口压力、转速均没有波动，跳车转速为 1436r/min。

二、故障过程

2 月 25 日，现场检查小透平轴承盒和调速器油位正常，盘车灵活，发现速关阀挂闸杆与连接杠杆接触面积较小。通过调整连接块垫片，增大了挂闸连杆与杠杆接触面积。然后将小透平与油泵脱开进行单试，振动和温度均正常，并做了两次超速试验，第一次超速动作转速 1707r/min，第二次超速试验动作转速 1702r/min。超速试验正常，各运行参数也无异常，为确保机组安全运行，决定单机运行考察一段时间。

2 月 25 日，15 时 30 分小透平单机运行，安排维保单位对小透平进行特护，特护人员夜间多次检查，各参数正常。

2 月 26 日 7 时 45 分，特护人员巡检时，发现非驱动端轴承盒油杯发黑，但振动和温度均在正常范围内。8 时 30 分，检修人员在线置换非驱动端润滑油，发现油质黏度大且呈黑色，立即停止运行小透平。

三、故障机理分析

（1）推力轴承(型号：6209)保持架磨损，少量铁屑掉入飞锤侧腔室。飞锤与遮断连杆间隙标准为 0.8~1.2mm，运行过程中，铁屑可能进入，可能导致飞锤误将遮断连杆推动，导致速关阀挂闸杆脱扣，机组跳车。

（2）推力轴承主要承担轴向力，保持架损坏，但径向支撑瓦完好(该径向瓦属于薄壁瓦，弹性大容易适应轴颈，并具有较强载荷适应能力，如图 50-1 所示)，因此运行过程中振动和温度仍然正常。2 月 26 日，随着保持架继续损坏，滚珠及保持架铁屑进入径向瓦侧腔室(图 50-2)，润滑油逐渐变质，金属铁屑导致轴瓦磨损，润滑油逐渐恶化变黑。

（3）小透平油泵 1 月 13 日投入运行，维保人员一直对小透平特护，并每周一安排对轴承箱润滑油排水检查，润滑油情况良好。因此可以推断，推力轴承保持架磨损之后导致润滑油逐渐变质，而不是润滑油变质导致轴承磨损。

图 50-1　径向支撑轴承（薄壁瓦）

图 50-2　推力轴承保持架

四、故障原因分析

1. 直接原因

推力轴承 6209 保持架损坏，导致润滑油泵跳停。

2. 间接原因

该机泵 2020 年大修时进行检修，滑动轴承、气封进行更换，但未对推力轴承检查或者更换，检修策略存在问题，运行中数据及巡检质量存在问题，未在第一时间发现润滑油、振动等参数变化。

五、故障处理措施

（1）2 月 27~28 日，更换小透平推力轴承及非驱动端径向轴瓦，调整连接块垫片，增大挂闸杆与连接杠杆接触面积，并做超速试验。

（2）超速试验合格，小透平单机运行 5~7 天确保安全稳定运行后，连接油泵带负荷试车。

六、管理提升措施

（1）针对 K-501 小透平推力轴承磨损问题，举一反三，择机检查 K-601 小透平推力轴承。制定定期检查更换计划。定期检查三机组小透平推力轴承，发现问题及时处理，运行累计达 25000h，更换推力轴承。

（2）加强小透平润滑油状态管理，继续坚持每周排水检查，并安排每月取样送检。

七、实施效果

K-501 小透平推力轴承及非驱动端径向轴瓦更换后，小透平运行状态良好，至今未出现故障。